丰富清晰的步骤图片，让您一看就想学，一学就会

最详尽的结绳编织教科书

从简单的基础绳结，到漂亮的装饰结、多种绳结的组合应用，
详尽的步骤图和插图说明，保证让您零失败！

日本靓丽出版社 编著

王 慧 译

U0199744

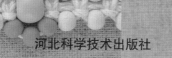

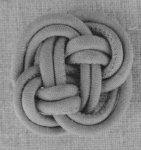

河北科学技术出版社

微信公众号　　　抖 音　　　　小红书

   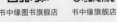

书中缘　　书中缘图书旗舰店　　书中缘旗舰店

 北京书中缘图书有限公司出品
销售热线：（010）64438419
商务合作：（010）64413519-817

目录 ••

Knot Selector

"绳结" 一览表

本书中介绍的绳结一览。

共 **47** 种

半结
P22

反手结
P22

秘鲁结
P23

平接结
P23

双套结
P24

卷反手结
P25

共线双套结 A
P26

共线双套结 B
P27

双环结
P28

左右结
P29

锁链结
P30

平结
P32

并列平结（4线）
P34

并列平结（6线）
P36

并列平结（8线）
P38

瑕蚨结
P40

花边结
P41

鱼骨结 A
P42

鱼骨结 B
P43

七宝结
P44

链子编法
P46

左扭编结
P48

右扭编结
P49

左扭编双重结
P50

右扭编双重结
P51

交叉扭编结
P52

三股辫
P54

四股辫
P55

五股辫
P56

五股平编
P57

六股辫
P58

梭结
P59

连续半卷结
P60

轮结
P61

立体四股辫
P62

立体六股辫
P64

十字结（圆柱状）
P66

字结（棱柱状）
P68

人字形斜纹编织（6线）
P70

人字形斜纹编织（8线）
P71

疙瘩结（收结）
P72

横卷结
P74

纵卷结
P75

斜卷结
P76

反卷结
P78

平面图案编织
P80

贝壳结
P82

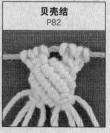

Knot Selector

"装饰结" 一览表

共 **35** 种

本书中介绍的装饰结一览。

8字结（纵向） P84	**金刚结** P84	**死结（纵向）** P85	**死结（横向）** P86	**球形结（1线）** P88

球形结（2线） P89	**释迦结·释迦球结** P90	**双钱结·双钱环** P92

木瓜结 P94	**十字结** P95	**双十字结（护身符结）** P96	**8字结（横向）** P98
			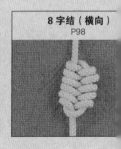

麦穗结 P99	**发饰结** P100	**万字结** P101	**龟背结** P102

网眼结 (10)
P104

网眼结（15）
P106

菠萝结
P107

袈裟结
P108

垫子结
P110

几帐结
P112

吉祥结
P114

简易梅花结
P116

梅花结
P118

琵琶结
P119

猴子拳
P120

国字结
P122

总角结（人字形）
P124

总角结（入字形）
P125

八坂花纹结
P126

八重菊花结
P128

蝴蝶结
P130

星辰结
P132

菱形结
P134

编织绳的种类

下面介绍几种主要的编织绳种类。
虽然统称为"编织绳"，但是由于编织方式和材质的不同，所以在手感和柔软性等方面会有很大的差别。尽可能选择材质、粗细、色泽合适的编织绳。

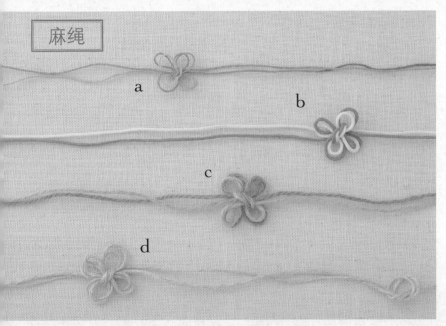

麻绳

a. 麻线
纯麻材质的上等麻线。常用于物。有多种颜色可供选择。

b. 麻绳
麻绳比麻线粗。麻纤维的味道淡一些。

c. 混纺麻绳
黄麻当中添加了苎麻。苎麻常作衣料纤维。苎麻黄麻混纺的绳也经常用于捆扎货物。特征具有黄麻粗糙的触感，但是麻柔软，易于编织。

d. 麻丝
黄麻当中添加了人造丝。不会毛，起尘，无异味，易于编织。

皮革绳

皮革一旦被水或者汗液沾湿，就会出现变色、发霉等现象。请把编织好的作品放置在通风良好的地方。

e. 丝绒皮革绳
有绒毛的皮革绳。开始使用的时候，会有绒毛掉落的现象发生，但是一旦用熟了之后，就会习惯了。

f. 米色软皮革绳
水牛皮制作而成，材质柔软，结实。是最适合编织并进行组合的圆皮革绳。颜色变化也很丰富，但是要注意掉色的现象。

g. 铬鞣皮革绳
材质较薄，是最适合编织并进行组合的平皮革绳。

h. 植鞣皮革绳
用丹宁去掉毛和油脂，用染料进行染色，是一种天然皮革。材质特征柔软并有粗糙感，是一种高级平皮革绳。

i. 优质皮革绳
皮革绳上有斑点和绒毛，能够表现成熟质感的皮革绳。

j. 网眼皮革绳
比较细的皮革绳。表面有绒毛，颜色变化也很丰富。

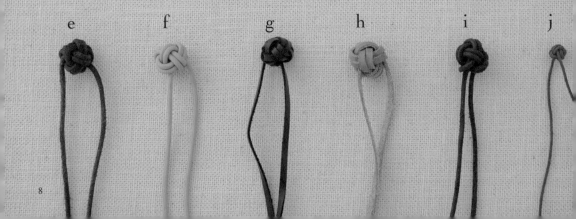

细绳

k. 跑马线
编织"装饰结"时最合适的绳子。
虽然是细绳,但是有力度,强度
高,易于打结。

l. 彩色流苏绳
聚酯绳经过树脂加工后的细绳,绳
子很细。打结的时候不容易变形,
编出的绳结外形挺拔。最适合纤细
的编织作品。

m. 鸳鸯绳
棉线经过树脂加工,有光泽。适合
用于装饰品的编织。

n. 蜡绳
聚酯绳经过蜡加工后制作而成的绳
子。绳子柔软,易于操作。

o. 金属编织线
象金属一样的细绳。这种绳子非常
细,所以可以穿过小串珠。

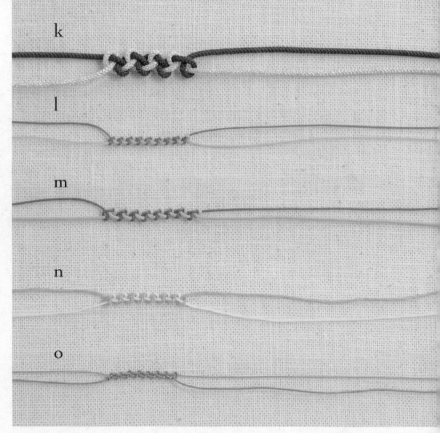

其他编织绳

p. 再生环保丝纱线
差开丝绸布料的零头布,将其再次
纺成丝线,是一种再生环保的纱
线。这种再生环保纱线的特点是纤
维柔软,颜色多样。

q. 泰国丝绸麻绳
这种麻绳使用了光泽和品质良好
的泰国丝绸。内侧含棉,所以具
有弹力。

r. 色丁丝带
由氯乙烯制成,表面平滑的带状丝
带。光泽度好,比较容易解开,所
以有时根据绳结的不同,可以起到
将绳结拉松的目的。

s. 幸运绳系列
这种编织绳适合制作幸运绳。绳子
平滑,容易打结,不容易开叉,可
以进行搓捻加工。

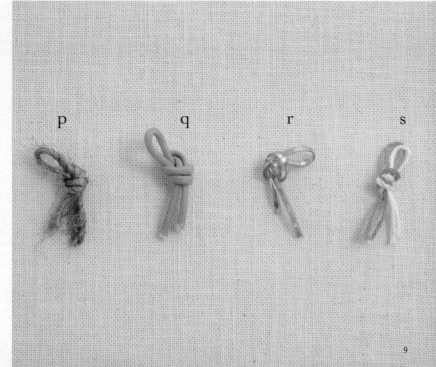

Lesson 2

结绳小道具
（配件及配饰）

下面介绍结绳作品中常用的小道具。
由于种类众多，所以希望大家可以对照所用的绳线，选择自己喜欢的颜色和品种。

串珠类

串珠的类型众多，可以是木质的，也可以由金属、贝壳、玻璃等材质制作而成。它的作用是体现出结绳作品的重点。为了便于绳线穿过中间的孔，所以我们可以选择直径较大的串珠。

搭扣

用于装饰品的搭扣。

金属配饰

饰品接头部分的金属零件（扣）。将接头的金属零件添加到作品上，作品就完成了。

小饰物

用于编织作品的挂件、垂饰，是作品的设计重点。

宝石类

珠子、凸圆形宝石以及宗教玉石等。宝石的种类多种多样。

羽毛·装饰纽扣

作品的重点。装饰纽扣也可用作搭扣。

吊绳

作品搭配垂饰时要用到。

基本工具

虽然不用工具也可以编织绳结和装饰结，这也是绳结和装饰结的魅力所在，但是借助一些简单的专业工具，能够更快更好地编织绳结。下面介绍一些简单的基本工具。

软木板

用流苏针固定绳线时需要用到的工具。软木板上标有刻度，可以作为尺寸标准的参考，十分方便。编织装饰结等比较复杂的绳结时，绳线需要多次从背面穿过进行交叉，这时就要用到软木板。

流苏针

将绳线固定在软木板上时使用。也可以用珠针等代替。

黏合剂·竹扞子

用于绳线的顶端和末端，手工艺制品中使用的强力黏合剂也可以连接金属零件。干透之后，黏着位置会变得透明。使用竹扞子涂抹黏合剂会很方便。

剪刀

用于剪断绳线。

(尺子·卷尺图在左下)

尺子·卷尺

测量绳线以及作品的长度时使用。

透明胶带

没有软木板的情况下，可以用透明胶带将绳线的顶端固定在桌子上。另外，将容易开叉（线）的绳线穿过珠子的时候，可以用透明胶带固定住绳线顶端。

锥子

拆绳结的结扣以及将绳结较松的部位拉紧时使用。

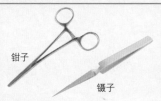

钳子

镊子

钳子·镊子

要从小结扣当中挑出绳线顶端以及进行其他工作时使用。编织装饰结时，如果有钳子或镊子，编织起来会更加方便。

装订针

用于绳线的顶端和末端。装订针的特点：绳线可穿过，针孔较大。

尖嘴钳

处理小零件和金属配件（如圆环的开合等）时使用。

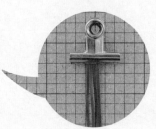

铁夹子

有些绳线无法用流苏针固定，可以用铁夹子来固定。如同照片中所展示的那样，用夹子夹住，再用针将夹子固定在软木板上。

下面介绍结绳的基础技法。

"绳结"和"装饰结"通用的编织技法

1. 编织时的注意事项

·编织力度一致

打结时，要适当地调整手的力度，将绳子收紧。如果力度不一致，会导致绳结松紧不均。另外，打结的时候，为了防止芯绳松弛或偏移，可以用流苏针固定住芯绳再进行打结。

·预留出一部分绳线

根据编织方法和绳结种类的不同，所需绳线的长度会有所变化。本书在各种绳结的介绍里刊登有各种绳结所需绳线的标准长度，但在编织时，要预留出比标准长度稍长一点的绳线。万一发生长度不足的情况，也可以再添接绳线（参考P19）。此外，因为绳线两端也需要处理，所以一开始编织时，绳线要预留得长一点。

2. 绳子的准备

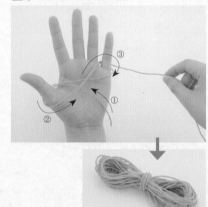

市面上卖的绳线有些会绕得很乱，不容易解开。此时，如果像照片上所示的那样，将绳线归拢卷成8字形，就不用担心绳线会胡乱地缠在一起。建议大家用上面所说的方法来保管绳线。

4. 高效的编织方法

如果绳结需要2~3m长的绳线，编织时，每次把线捋下来就会非常麻烦。如上图所示，将绳子绕成8字形并用橡皮筋扎起来或者将绳线绕在厚纸卷上，编织起来就更加便捷。绕好的线圈应该尽量小一些，这样就比较容易将绳线捋出来。

3. 软木板和流苏针的使用方法

编织绳结时，将绳线用流苏针固定在软木板上面。也可以用透明胶带将绳线粘贴在桌子上。

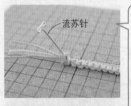

流苏针

透明胶带

用流苏针固定绳线的诀窍

将流苏针倾斜着往绳线拉紧的方向扎入。如果方向相反，流苏针容易掉落。另外，用流苏针固定住绳线的顶端，编结和编环的时候，可以将结和环挂在流苏针上。

软木板

桌子

编织的基本姿势

使用软木板时，要将木板斜立在桌子边（如图所示），这样的姿势易于编织，也可以轻松工作。

"绳结"的基础

P21~P82 介绍的 "绳结" 编织过程中所使用的基础技法。"绳结" 在手链、幸运绳、皮带饰品等的编织物中经常会用到。下面将对芯绳与编织绳进行说明，同时介绍绳结开始及结束的编织方法。

1 芯绳与编织绳

a. 芯绳与编织绳

绳结由 "编织绳" 和 "芯绳" 组合而成。我们将编结的绳子称为 "编织绳"，将编结的中轴绳称为 "芯绳"。
※ 也有像辫子结那样无法区别 "编织绳" 和 "芯绳" 的绳结。

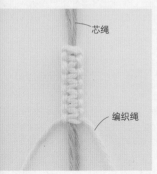

芯绳

编织绳

C. 芯绳与编织绳的相互转换

芯绳与编织绳在编织过程中可以相互转换。如下图所示，这个例子使用的是 2 根藏青色的绳子。标记②，以 4 根驼色绳为 "芯绳"，以 2 根藏青色绳为 "编织绳"；标记③，曾在②里充当 "芯绳" 的 4 根驼色绳中有 2 根变成了 "编织绳"。标记④，2 根藏青色绳与 3 根驼色绳充当 "芯绳"，剩下的 1 根驼色绳便作为 "编织绳"，出现在了绳结的外侧。总而言之，不同的编织方法需要不同数量的 "编织绳"，"芯绳" 的数量也会发生改变。另外，编织者可以将 "芯绳" 与 "编织绳" 相互交换，从而让自己想要的颜色出现在绳结的外侧。

b. 芯绳的数量不限

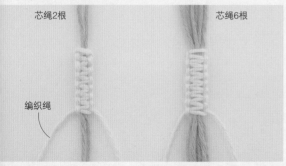

芯绳2根   芯绳6根

编织绳

芯绳的数量可以自由更改。一旦芯绳的数量增加，那么编织出来的绳结就会相应地变粗。可以根据编织作品的不同，改变芯绳的数量。

〈例〉

①驼色绳子2根，藏青色绳子1根，将3根绳子编成辫子，并对折

②平结
芯绳/驼色绳4根
编织绳/藏青色绳子2根

③并列平结
芯绳/驼色绳2根
编织绳/藏青色绳2根，驼色绳2根

④梭结
芯绳/驼色绳2根，藏青色绳2根
编织绳/驼色绳1根

⑤收尾结（连续）
芯绳/驼色绳2根
编织绳/驼色绳2根，藏青色绳2根

d. 编织绳的编结方法

编结过程中可以增加绳子的数量。如下图所示的那样连接新添加的绳子。

编结

新添加的编织绳

〈背面〉   新添加的编织绳

如图所示，在芯绳的背面，连接新添加的编织绳。

编平结

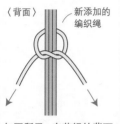

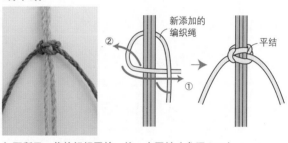

新添加的编织绳

② ①   平结

如图所示，将编织绳平放，编一个平结（参照 P32）。

2 "绳结"的种类

根据编织顺序的不同，"绳结"大致可分为以下 3 种。

① 从编织绳的顶端编到末端；

② 将绳子对折后再进行编织；

③ 确定一个中心，从中心出发进行左右对称的编织。

根据编织作品的式样和长度等，从上面 3 种当中选出合适的"绳结"。

根据种类的不同，开结和收结的方式也会发生改变。开结模式见 P16，收结模式见 P18 页，编织时请参考。

另外，您还可以从 P22~P82 的 Knot1~Knot47 当中选择喜欢的主体部分。

① 从编织绳的顶端编到末端

将绳子拢齐，从绳子的顶端编到末端。这种"绳结"在制作手链和幸运绳等饰品时经常使用。

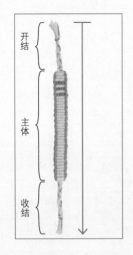

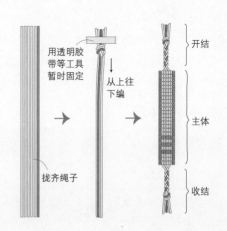

用透明胶带等工具暂时固定

从上往下编

拢齐绳子

开结

主体

收结

② 将绳子对折后再进行编织

以绳子为中心，将其对折后进行编织。在制作手链等样式的作品时，有时需要编织一些用于挂搭扣的环，这时就要用到②的编织方法。

环

开结

主体

收结

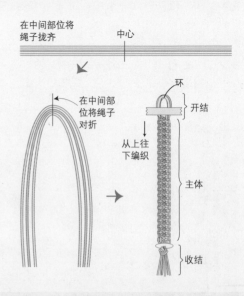

在中间部位将绳子拢齐

中心

在中间部位将绳子对折

从上往下编织

环

开结

主体

收结

③ 确定一个中心，从中心出发进行左右对称的编织

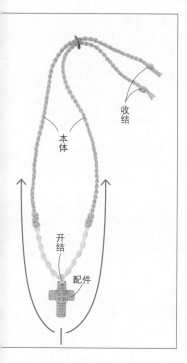

从编织绳的中心出发，一直编到绳的左右两端。常用于左右对称的作品以及中心有垂饰的作品等。另外，由于拉过来的绳子两边长度相等，所以使用长编织绳编织皮带时最适合使用这种编织方法。

首先先在编织绳的中心部位暂时打一个半结，然后将配件穿进编织绳里，编织左边的主体部分。然后解开之前暂时打的结，编织右边部分。最后再收结。

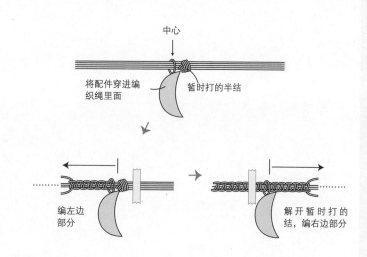

将配件穿进编织绳里面　　暂时打的半结

编左边部分　　　　解开暂时打的结，编右边部分

编织绳）穿过串珠的方法

a. 利用透明胶带

顺编织绳的顶端，使其变细，再透明胶带包住，一边转动串珠一将编织绳穿过去，这样比较容易功。

b. 将编织绳夹在已穿入的绳子间穿引

①将1股绳子穿进串珠里，再穿第2股绳子。

②穿第3股绳子。将第3股绳子夹在之前穿过的2股绳子之间。

③转动串珠，可以让第3股绳子通过串珠中间的孔。剩下的绳子也采用同样的方法。

3 开结模式

以下介绍开结的模式。编织者可以根据作品的式样和用途等区分使用。P14~P15 中介绍过根据"绳结"类型的不同，开结的方法也会发生改变，编织时请注意。

a. 打半结然后编辫子的方法

编织幸运绳等作品时经常要以半结开结。将编织绳拢齐后打一个半结，再编辫子。

半结

辫子

主体

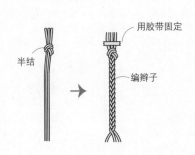

半结 → 用胶带固定

编辫子

> ## Point ✎
>
> 根据主体编织绳数量的不同，可以改变辫子部分的编织方法。如果主体编织绳数量为 2 根，那么中间部分可以左右打结；如果是 3 根、6 根、9 根的话，可以将其 3 等分编成辫子；如果是 4 根、8 根、12 根的话，可以将其 4 等分，编织成立体四股辫。

b. 结环的方法

1. 打半结

将绳子对折打半结。这是结环的基本方法。

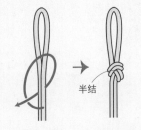

半结

2. 用编织绳在芯绳上打结

（适用于编织绳数量为偶数时的情况）

〈背面〉

编织绳

芯绳

将绳线对折为芯绳，用另外的编织绳打结（参照 P13-d "编织绳编结方法"）。

3. 用编织绳在芯绳上打结

（适用于编织绳数量为奇数时的情况）

添加 1 根编织绳，在对折的芯绳上打双套结（参照 P24）。剪去编织绳上侧的开端。

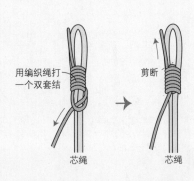

用编织绳打一个双套结

剪断

芯绳   芯绳

编完中心后结环
（用于编织绳数量为偶数时的情况）

用透明胶带固定编织绳，将图中"中心"部分编成三股辫。将三股辫绳结对折，任意拿1根绳子来固定三股辫绳结，也可以新添加1根绳子对三股辫绳结进行打结。

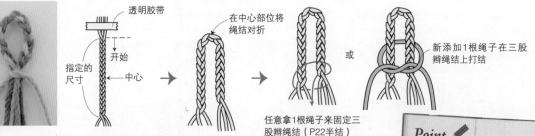

透明胶带

指定的尺寸

开始

中心

在中心部位将绳结对折

或

新添加1根绳子在三股辫绳结上打结

任意拿1根绳子来固定三股辫绳结（P22半结）

Point
步骤4、步骤5结环部分的编织方法要根据编织绳数量的变化而变化。
（例）2 根编织绳……左右编结 梭结
3 根编织绳……三股辫
4 根编织绳……立体四股辫

编完中心后结环
（用于编织绳数量为奇数时的情况）

如果编织绳数量为奇数时，在上述步骤4的基础上，只须剪掉1根绳子即可。

剪断1根绳

c.利用编织绳的一端为芯绳

如图所示，将对折的2根绳子平放，以内侧的2根绳子为芯绳，以外侧的2根绳子为编织绳进行编织。

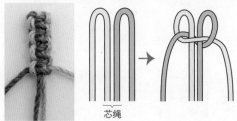

芯绳

在横芯绳上用编织绳编织

在横芯绳（将绳芯横放）上用多根编织绳编织，编织区域就会变大。若是在金属配件或是绳结框架等处进行编织时，可以使用这个方法。

编织绳对折后在横芯绳上编织

①将横芯绳拉紧，对折的编织绳放置到横芯绳的背面，将其首端折到编织者的面前。

②从编织绳与横芯绳所形成的圈中拉出放在背面的编织绳。

③将编织绳拉紧。

如果正背面相反，编织绳与横芯所形成的圈则会出现在编织者的面前。

横芯

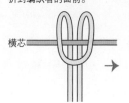 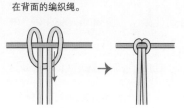

只用1根编织绳编织

用横卷结（P74）的方法编织。保留编织绳的首末端可以作为流苏。

横芯绳

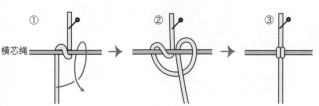

① ② ③

备忘录

如果在横芯绳上用若干条编织绳编织，能够扩大编织范围。照片中的作品为"七宝结"（P44）。

4 收结的模式

根据绳结种类的不同，收结的方法也会有所不同。收结方法种类繁多，下面介绍几种代性的收结模式。

a. 编辫子然后打半结

编完主体部分后，将剩下的编织绳编成辫子，打半结后剪掉剩余部分。一般来说，在饰品当中，有两种收结形式，一种是用全部的编织绳编辫子，另一种是将编织绳分为2股，然后再编辫子。如果是以辫子开结的话，也要以辫子来收结。如果是以环来开结，那么很多绳结都会以2股辫子来收结（参照P143 5、6）。

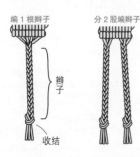

编1根辫子　　分2股编辫子

辫子

收结

Point

根据主体部分编织绳的数量，辫子部可以发生改变。如果是2根绳子的话可以左右编织，如果是4根绳子的话，可以编成立体四股辫。

b. 使用金属配件固定

使用金属配件时要用到以下方法。用透明胶带等物品暂时固定编织绳的首端，开始编织。编织工作完成之后，用黏合剂将金属配件固定在编织绳的首端。

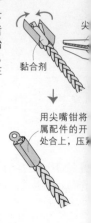

尖

黏合剂

用尖嘴钳将属配件的开处合上，压

c. 使用卡子

将全部的编织绳穿过卡子，然后打结。拢齐绳子的末端剪去多余的部分。这种方法在饰品编织时经常使用。

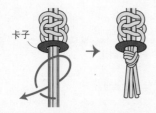

卡子

d. 隐藏芯绳和编织绳的首末端

编织卷结时经常使用的方法。芯绳和编织绳穿过装订针，用装订针芯绳和编织绳穿入约两三处结里。在结的边界处剪去多余的编织绳。

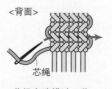

<背面>　　　　　　　<背面>

芯绳

芯绳末端错过一节，穿入密闭绳结里

编织绳末端穿入一节的密闭绳结

编织绳

e. 利用火拷收结

使用打火机烤编织绳末端，使其紧贴。但是，只有个别的编织绳可以使用。

能够利用火烤收结的编织绳种类：棉蜡线、跑马线、微型彩色流苏绳

1 保留大概3mm的编织绳末端，让编织绳慢慢靠近打火机的火焰。

2 等绳子末端出现熔化现象后，立即用打火机的侧面按压使绳子凝结。

3 成功收结。

注意！

利用打火机时请小心谨慎。如果是小孩子做此类手工的时候，请父母或其他监护陪同！

编织绳不足……

下面介绍当编织绳和芯绳出现不足时的一些应对技巧。可以采取如下对策，但是这毕竟是紧急应对的一些方法，最好还是预留长度足够的绳子吧！

与长绳进行替换

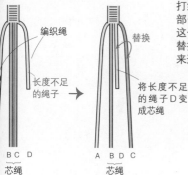

B C D
芯绳

A B D C
芯绳

这是第一个技巧，也是最简单的方法。有时在打结的地方替换绳子的部分会显得比较突出，这个时候，建议编织者替换绳子的时候用串珠来进行掩饰。

编织绳
长度不足的绳子 →
替换
将长度不足的绳子D变成芯绳

b. 串珠过程中添绳

如图所示，将编织绳的末端折成钩状，然后用黏合剂连接。

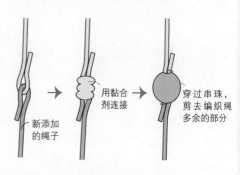

新添加的绳子
用黏合剂连接
穿过串珠，剪去编织绳多余的部分

编平结与卷结时

编织过程中经常用到的基本结为平结和卷结。下面介绍编平结和卷结时的一些应对技法。
使用装订针隐藏编织绳末端时，编织绳要预留出装订针两倍左右的长度。

平结

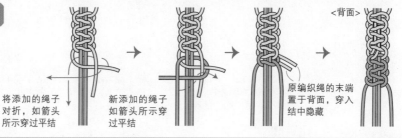

添加编织绳

将添加的绳子对折，如箭头所示穿过平结

新添加的绳子如箭头所示穿过平结

<背面>
原编织绳的末端置于背面，穿入结中隐藏

添加芯绳

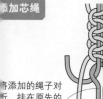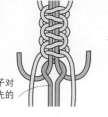

将添加的绳子对折，挂在原先的芯绳上

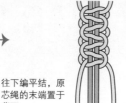

往下编平结，原芯绳的末端置于背面

<背面>
原芯绳末端于背面穿入结中隐藏

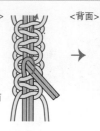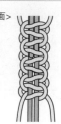

卷结

添加编织绳

用新添加的编织绳编卷结

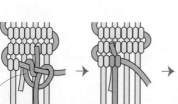

<背面>
在背面将编织绳的末端穿入结中隐藏

添加芯绳

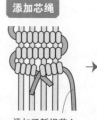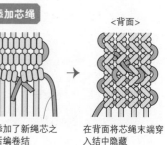

添加了新绳芯之后编卷结

<背面>
在背面将芯绳末端穿入结中隐藏

"装饰结" 的基础

P83~P133 "装饰结" 编织过程中使用的基本技法。

1. 软木板以及流苏针的使用方法

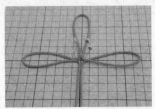

简单的装饰结用手即可编织完成，但是编织复杂的装饰结，就需要同时用软木板和流苏针一边固定一边编织。

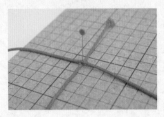

在编织绳相交处为了防止错位，要扎上流苏针固定。

2. 镊子、钳子的使用方法

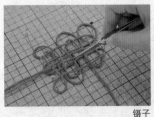

镊子

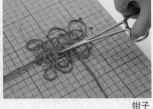

钳子

编复杂相交的绳结时要使用镊子或钳子来牵拉编织绳。编织者在进行拉紧编织绳、将编织绳的末端塞进绳结、抽出编织绳等工作时，通常要用到镊子。钳子夹东西的力度很大，适合用于将编织绳穿过复杂绳结的工序中。

3. 拉紧编织绳的方法

a. 球形结

编织球形结时，按顺序将编织绳穿过去，尽量让形状趋于圆形。可以把手指伸入其中辅助编织，这样比较容易成形。

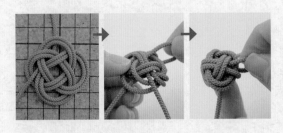

b. 整理形状

装饰结编织工作完成之后，必须把编织绳上较松的地方按顺序拉紧，整理成美观的形状。不能一次性将编织绳拉紧，要按顺序将编织绳较松的地方拉紧，一点点整理形状。

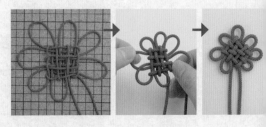

4. 绳子末端的处理

a. 将绳子末端曲成环状，用黏合剂固定

如图所示，剩两根编织绳末端时，将其中一根绳子的末端剪掉，要剪得尽量靠近绳结根部，用黏合剂固定。将另外一根绳子的末端曲成环状，用黏合剂固定到绳结上。

b. 利用火来处理

将绳子末端尽量靠近打火机的火焰，待其凝固。能够用火来处理绳子末端的绳子种类参照P18-e。

Part 1 绳结

自古以来就在世界各地使用的麻绳编织以及丝绳编织，在这些原本具有实用性的绳结上又添加了装饰性，这便是本章要介绍的"绳结"。只是在编织若干根绳子的基础上增加了一些难度。增添了装饰性以及难度的绳结频频在生活中的各种场景出现，变得多样化也更具有表现力。现在广泛应用于手链、幸运绳、编织皮带以及布带的饰品配件和装饰绳当中。编织者可以找到自己喜欢的编织方法，并将其灵活运用到身边的物件当中。

Knot 1 ＊ 半结

将若干根绳子拢成一股进行打结的方法。
如果绳子数量增多，打成的结也会变大。

难易度：★☆☆☆☆
主要应用范围：编织绳末端的处理／装饰结

1 将绳子如箭头所示回转。

2 抽出绳子末端，拉紧环。

3 半结编织完成，单根以上绳子都可以使用同样的方法来打半结。

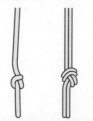

备忘录.

半结与反手

半结　　反手结

如果绳子数量增加，那么半结
变大。与此相对，反手结即
绳子数量增加也不会发生大小
变，所以能够流畅地处理绳子
两端，但是防止绳子散开的力
会相应地弱一些。

Knot 2 ＊ 反手结

运用1根绳子将其所在的若干根绳子进行打结的方法。
即便是绳子的数量增加，反手结的大小也不会改变，因此可以将绳子的两端处
理得很小巧。

难易度：★☆☆☆☆
主要应用范围：绳子两端的处理（为了避免绳结过于明显）

1 如箭头所示将1根绳子回转，按照打半结时的要领将这根绳子绕在其他绳子上打结。

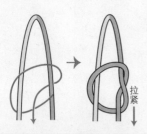

拉紧

2 反手结完成。即便绳子数量发生改变，也可以按照相同的方法，取其中任意的1根绳子将余下的绳子进行打结。

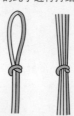

结的应用

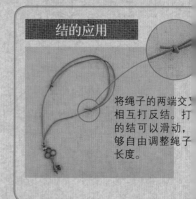

将绳子的两端交
相互打反结。打
的结可以滑动，
够自由调整绳子
长度。

Knot 3 ✳ 秘鲁结

像线圈一样能够起装饰作用的结。
如果绳子绕的圈数发生改变，那么结的长度也会发生改变。

难易度：★☆☆☆☆
主要应用范围：编织较大的绳结 / 装饰结

1 如图所示，以 A 为芯绳，B 在 A 上绕 3 圈。

2 A 往上拉，B 往下拉。

3 秘鲁结完成。根据圈数的不同，结的长度会发生改变。

结的应用

项链和手链会将秘鲁结与串珠交叉起来编织。秘鲁结既能够起到串珠卡子的作用，又能起到装饰的作用。

Knot 4 ✳ 平接结

联结2根绳子的方法。会将2根绳子越拉越紧。

难易度：★☆☆☆☆
主要应用范围：联结2根绳子 / 编织玉石绳络时使用

1 将 A 放在 B 上，如箭头所示穿过。

2 穿过部位。

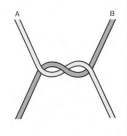

3 如图，将 A 再次如箭头所示穿过。

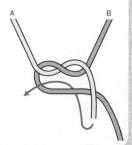

4 拉紧 A 和 B，完成。

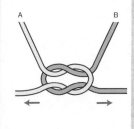

Knot 5 ✳ 双套结

用1根绳子在1束编织绳（由若干条绳子组成）上一层层绕圈的方法。
用于绳子两端的处理。
绕圈的部分会作为手链和项链的设计重点。

1 在作品的背面进行编织。如图所示，用别的绳子沿着芯绳先折环，然后从上往下不露缝隙地绕圈。

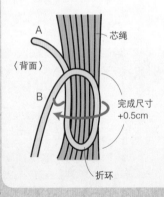

A
芯绳
〈背面〉
B
完成尺寸
+0.5cm
折环

2 编织者可以自由决定绕圈的长度，然后将绕好的绳子从下方的环里穿过。

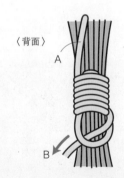

〈背面〉
A
B

3 拉动 A，这样 B 便能得到固将 A、B 两端多余的部分剪尽量靠近双套结的根部。

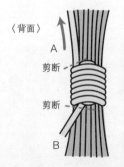

〈背面〉
A
剪断
剪断
B

用于下列情形

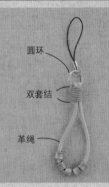

圆环
双套结
革绳

用在金属配件的安装上面。将绳的两端穿过圆环并对折，用棉蜡线编织双套结。如果使用与革线不同颜色的编织绳来编结，那么编成的结就能成为作品的重点。

结的应用

用了 3 种颜色线在芯绳上交编织双套结，链便会显得多艳丽。

Knot 6 ✳ 卷反手结

用1根绳子在1束编织绳（由若干条绳子组成）上一层层绕圈的方法。
虽然与双套结很相似，但是卷反手结更适用于绕长圈以及编织绳材质
不易滑动时。

难易度：★☆☆☆☆
主要应用范围：拢齐1束编织绳（由若干条绳子组成）/直接作为饰品

在作品的背面编织。在芯绳上
用绳子末端绕2~3cm。

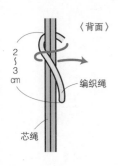

2~3cm

〈背面〉

编织绳

芯绳

2 不留缝隙地绕圈，并打反手结，
在拉紧之前在芯绳上涂上黏合剂。

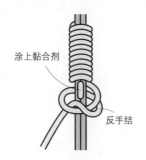

涂上黏合剂

反手结

3 拉紧绳子，在绳结根部剪去多
余的部分。

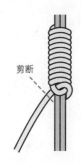

剪断

忘录.

双套结与卷反手结的区别

双套结　　卷反手结

套结将编织绳穿入卷结当中，所以与卷反手
目比更加牢固。双套结适合缠绕尺寸较短的
只作品，而卷反手结则适合缠绕尺寸较长的
只作品。

结的应用

将6根芯绳合成3
股，分别用不同颜
色的编织绳编织卷
反手结。只要编织
足够长的卷反手结，
就能够做出风格独
特的手链。

Knot 7 ✳ 共线双套结 A

要将2根以上的编织绳捆成一束时，可以使用编织绳中任意2根编织绳来进行编织法。

双套结与卷反手结有些相似，两者最大的区别就是共线双套结不需另外添加编织绳子。

难容度：★☆☆☆☆
主要应用范围：捆扎若干根（2根以上）编织绳末端

绳结上方有配饰或其他种类的绳结时，也可以使用这种编织方法。

1　用1根编织绳折环，另1根编织绳从上往下一圈一圈地缠绕。

折环

芯绳

2　将缠绕好的绳子穿过环。

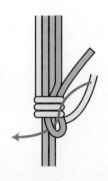

3　如箭头所示，将编织绳往上紧，牢牢固定住。在绳结根剪去多余的编织绳，这样，线双套结 A 就完成了。

剪断

用于下列情形

用若干根编织绳（2根以上）进行编织时，末端的处理（照片为立体四股辫的末端处理）。

备忘录．

共线双套结 A 与共线双套结 B

由于共线双套结A用2根编织绳来编织，收结比较方便。

只需1根编织绳，就可以编织共线双套结B，但是收结能力较弱，绳结不固定。不过，滑动的绳结可以用在调节饰品长度等方面。

Knot 8 ＊ 共线双套结B

将1根以上的编织绳捆成一束时，仅用1根编织绳就可以进行编织的方法。
与共线双套结A之间的区别：共线双套结B用1根绳线就可以进行编织，
绳结不固定，可以滑动。共线双套结B作为一种能够调节长度的方法，
常用于手链和项链编织。

难易度：★☆☆☆☆
主要应用范围：捆扎若干根（2根以上）编织绳末端时/调节
　　　　　　　饰品长度

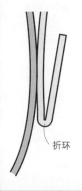

1　如图所示，将1根编织绳
折起来。

折环

2　折起来的绳子从上往下一
圈一圈地缠绕。

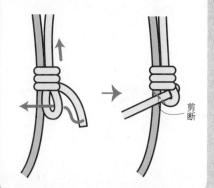

3　绳子末端穿过环，拉紧，牢牢固定住。
在绳结根部，剪去多余的部分，共
线双套结B完成。

剪断

用于下列情形

用于手链编织绳的
末端。绳结可以滑
动，因此可以调节
长度。

结的应用

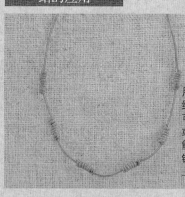

用1根麻绳反复编
织共线双套结B，
可以做装饰之用。
或者反复编织后就
能形成手链和项
链，也可以在麻绳
上穿串珠。

Knot 9 ✳ 双环结

也称为"蝴蝶结""丝带结",是在日常生活中经常被用到的一种装饰编织方法。拉动编织绳末端,绳结立刻就会松开,适合不固定的绳结。

难易度:★ ☆ ☆ ☆ ☆
主要应用范围:装饰性收结/装饰

1　将芯绳放置在编织绳的上方,如图所示,以编织绳为中心进行编织。

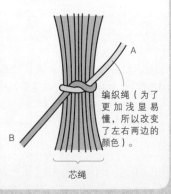

编织绳(为了更加浅显易懂,所以改变了左右两边的颜色)。

芯绳

2　用B折环。

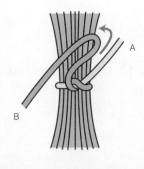

3　将A从下往上挂在折好的上。

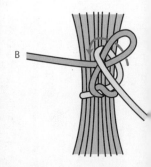

4　用A折环,如图所示,穿过。

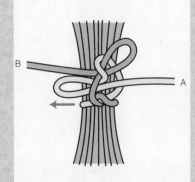

5　收紧线环和编织绳的末端,整理绳结的形状。

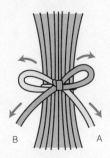

Knot 10 ＊ 左右结

用2根绳子左右交叉编织而成。
左右结的编织方法比较简单，在短时间内可以编出很长的尺寸。
如果使用2根不同颜色的绳子，编织出来的结会变得更加鲜明。

难易度：★☆☆☆☆
绳子所需的长度（成品15cm）：60cm×2
主要应用范围：饰品的编织绳部分等

以A为芯绳，B绕A一圈，拉紧。

A B
芯绳

2 接下来以B为芯绳，A绕B一圈。这样就完成了第一次编织。

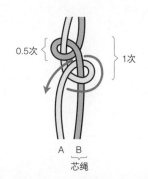

0.5次 1次

A B
芯绳

3 交叉编织，为了能让编成的结之间的间隔相等，可以一边拉紧绳子一边编结。

改变材质

如果用扁平的绳子编织，作品给人的印象会有所不同。

结的应用

如图所示，每编半次，就用1颗串珠点缀。也可以应用到手链等地方。

如果将左右结编得很长，就能编1条项链。在编织过程中，每编1次，就用1颗串珠点缀，串珠会成为编织重点。

Knot 11 ＊ 锁链结

用左右绳编环，然后相互交叉穿过进行编织。
将绳子编织成有一定厚度的结状。

难易度：★★☆☆☆
绳子所需的长度（成品 15cm）:80cm×2
主要应用范围:饰品等/装饰带

1 用透明胶带将 A、B 固定。将 B 往下折。

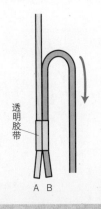

透明胶带

A B

2 将 A 绕在 B 折后出现的环上，从上往下，也折一个环。

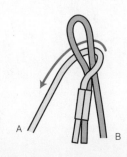

A B

3 A 也跟 1 中的 B 一样，折一个

折环

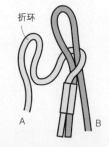

A B

4 将 A 所折的环穿到 B 环中。

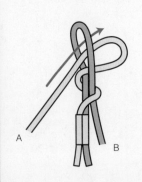

A B

5 将 B 绳末端往下拉，拴紧 A 环。

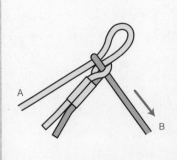

A B

6 用 B 折环，将 B 环穿到 A 环

做环

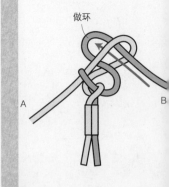

A B

将 A 绳末端往下拉，拴紧 B 圈。

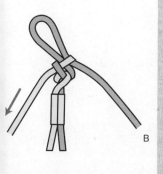

B

8　重复编织 3~7 次，最后如图所
　示，将绳子末端穿过圈。

9　拉紧绳子，整理形状。最后取
　下透明胶带。

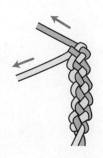

改变材质

使用跑马线

使用革绳

结的应用

在手链中经常会使用锁链
结。用两根丝带，按照上述
1~9 的步骤编织。

用革绳编织而
成的挂件。编
织完锁链结后，
将皮带金属配
件穿过去，用
双套结收尾。

Knot 12 ＊ 平结

平结是最基本的编织结。
除了用于幸运绳和手链以外，也可以应用于knot13~20的结当中。

难易度：★☆☆☆☆
绳子所需的长度（成品 15cm）：编织绳A、B各90cm，芯绳各15cm
主要应用范围：饰品等

[左上平结]

1 将A放在芯绳上，B放在A上。B从芯绳的背面穿过A。

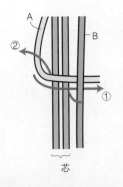

2 将绳子拉紧，左右保持长度相同。

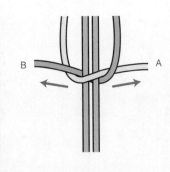

3 再将A放在芯绳的上方，在A上。如箭头所示，将芯绳背面穿过右边的环。

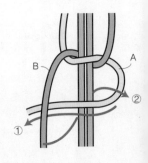

4 将绳子拉紧，左右保持长度一致。这样就完成了1个左上平结。

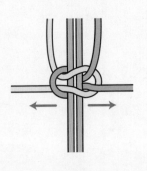

5 重复步骤1~4。编织 3~4 次之后在打结处抓住芯绳将编好的结往上拉，缩小间隙。

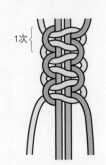

用两种颜色的绳子编织

正面　　　反面

由于绳结的正面和反面颜色不
所以正反都可以使用。

上平结] 将放置在芯绳上的两根绳子的顺序调换一下，就成了右上平结。

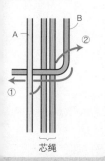

将 B 放在芯绳上，A 放在 B 上。A 从芯绳的背面穿过 B。

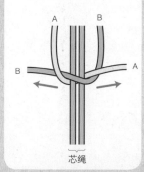

2 将绳子拉紧，左右保持长度相同。

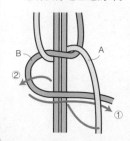

3 再将 B 放在芯绳的上方，A 放在 B 上。如箭头所示，将 A 从绳芯背面穿过左边的环。

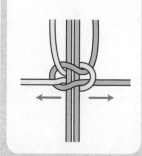

4 将绳子拉紧，左右保持长度一致。这样就完成了 1 个右上平结。

重复步骤 1~4。编织 3~4 次之后在打结处抓住芯绳将编好的结往上拉，缩小间隙。

左上平结与右上平结的区别

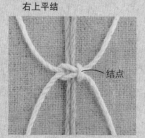

左上平结　　　右上平结

如图所示，左上平结的结点在左侧，右上平结的结点在右侧。如果只有 1 个结，我们就能够区分出来，但如果连续编织，从绳结的外表难以区别左上平结与右上平结。

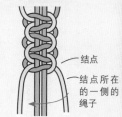

备忘录

结点
结点所在的一侧的绳子

在编织过程中，如果不知道该将左右哪根绳子放在芯绳上，可以记住以下的规律，即将结点所在一侧的绳子放在芯绳上。

结的应用

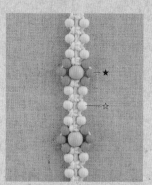

珠在绳结中的装饰方法多种样。
芯绳和编织绳全部穿过串珠。
是只有芯绳穿过串珠。

串珠也可以制作成花的形状。
★将芯绳通过大串珠，每条编织绳各穿过 3 个小串珠。
☆左右编织绳各穿过 1 个串珠。

串珠也可以成为饰品的卡子。
将手链的两端交叉，以交叉的部分为芯绳编织平结。最后利用火烤收结，处理编织绳的末端（参照 P18）。串珠可以自由滑动调节长度，所以是很便利的卡子。

Knot 13 ＊ 并列平结（4线

用4根编织绳，将芯绳和编织绳交替重复编织平结。
与平结相比，编织范围会扩大。

难易度：★★☆☆☆
绳子需要长度（成品15cm）：70cm×4
主要应用范围：饰品等/装饰丝带

1 将4根编织绳并列摆放。首先
以B为芯绳，在A和C上面编
织左上平结（参照P32）。如①、
②所示，将编织绳穿过进行编织。

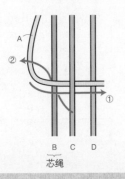

2 把A放置在芯绳上，C放在A
上。从芯绳的背面将C穿过A
所形成的环里。

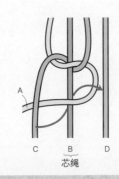

3 按照上述操作，能够编织
平结。接下来，以C为芯
在B和D上面编织右上平
（参照P33），如①、②所
将绳子穿过并编织。

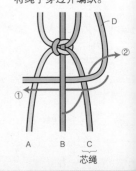

4 把D放置在芯绳上，B放在D
上。从芯绳的背面将B穿过D
所形成的环里。

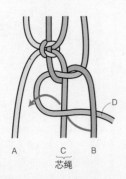

5 按照上述操作，能够编织右上
平结。这样就完成了1次并列
平结（4线）。

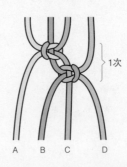

6 重复步骤1~5编织。

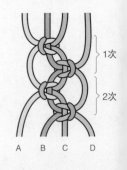

开始编织的时候，编织绳放置位置的不同，会导致正反面颜色的不同。在编织并列平结（4线）时，有以下3种配色方案。

编织绳
的放置

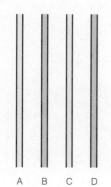
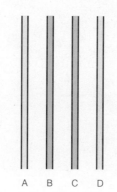
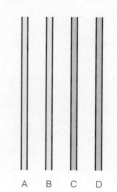

正面

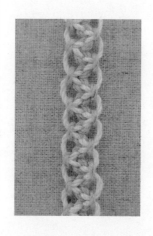
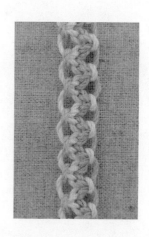

背面

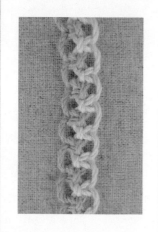
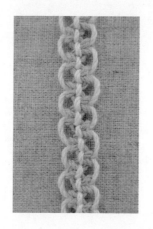
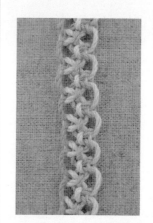

Knot 14 ＊ 并列平结（6线）

用6根编织绳，将芯绳和编织绳交替重复编织平结。
与并列平结（4线）相比，编织成的结会比较紧凑。
这种方法常用于手链编织等。

难易度：★★☆☆☆
绳子需要长度（成品 15cm）：A、C、D、F各70cm
　　　　　　　　　　　　　　B、E各15cm
主要应用范围：用于手链等作品的配饰/包的提手

1 将6根编织绳并列摆放。首先以B、C为芯绳，在A、D上面编织左上平结（参照P32），如①、②所示，将绳子穿过并编织。

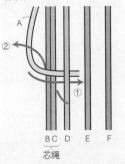

2 把A放置在芯绳上，D放置在A上。如箭头所示，将D穿过A所形成的环里。

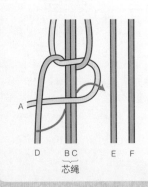

3 按照上述操作，能够编织左平结。然后以D、E为芯绳在C、F上面编织右上平结（照P33），如①、②所示，绳子穿过并编织。

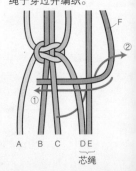

4 把F放置在芯绳上，C放置在F上。如箭头所示，将C穿过左边的环里。

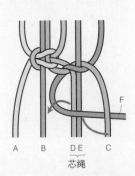

5 按照上述操作，能够编织右上平结。这样就完成了1次并列平结（6线）。

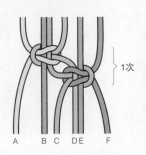

6 重复步骤1~5编织。

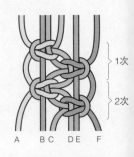

| 配色方案 | 开始编织的时候，编织绳放置位置的不同，会导致正反面颜色的不同。在编织并列平结（6线）时，有以下3种配色方案。 |

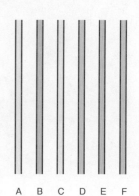

A B C D E F　　　A B C D E F　　　A B C D E F

编织绳
的放置

 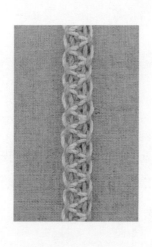 

正面

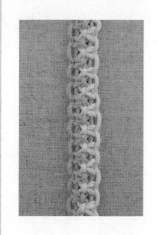  

背面

Knot 15 ＊ 并列平结（8线）

用8根编织绳，将芯绳和编织绳交替重复编织平结。
编织而成的结相当紧凑，十分牢固。

难易度：★★☆☆☆
绳子需要长度(成品 15cm)：A、D、E、H各90cm
　　　　　　　　　　　　　B、C、F、G各15cm
主要应用范围：用于手链等作品的配饰/包的提手

1 将8根编织绳并列摆放。分左右4根进行编织，在左侧的4根绳上编织1次左上平结（参照 P32 ）。

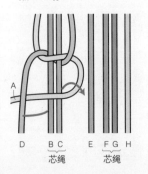

2 在右侧的4根绳上编织1次右上平结（参照 P33 ）。

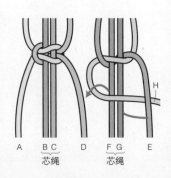

3 将D、E在中间交叉。

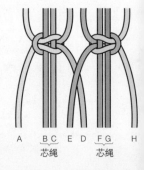

4 与1、2的步骤一样，在A、B、C、E上面编织左上平结，在D、F、G、H上面编织右上平结。

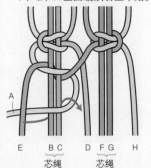

5 将D、E交叉。重复步骤1~4编织。

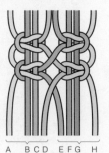

备忘录.

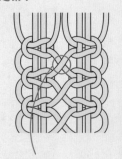

每次编织绳子交叉部分时，绳子的方向、形状要尽量保持一致。

配色方案

开始编织的时候，编织绳放置位置的不同，会导致正反面颜色的不同。在编织并列平结（8线）时，有以下两种配色方案。

编织绳的放置

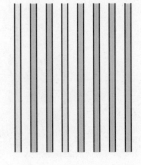

A B C D E F G H

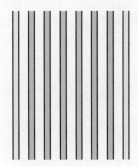

A B C D E F G H

正 面

背 面

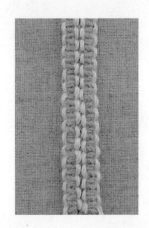

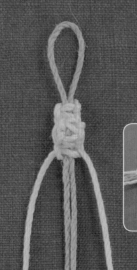

Knot 16 ＊ 蝦蛄结

将平结卷起，制作成凸形立体的装饰结。
根据卷平结的次数，蝦蛄结的长度会发生变化。

难易度：★★☆☆☆
主要应用范围：立体装饰
/在平结的基础上添加编织重点时使用

[编3次平结时的情况]

1　编平结（参照 P32）。

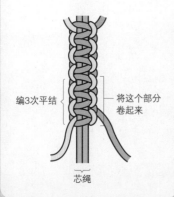

编3次平结　→　将这个部分卷起来

芯绳

2　编完 3 次平结之后，如图所示，在芯绳和编织绳之间（★）用钩针和钳子将芯绳的末端穿过平结。

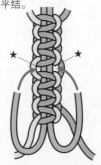

3　将芯绳向下拉紧，平结会卷成球状。

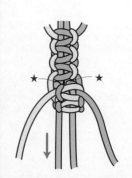

4　在卷成球状的平结下面再编 1 次平结。

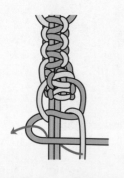

5　按照上述步骤，就完成了一个 3 节蝦蛄结。根据所卷平结部分的节数，立体卷起的绳结长度会发生变化。

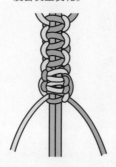

结的应用

卷起平结时，可以把串珠穿到绳子中，串珠会成为饰品中的装饰重点

Knot 17 * 花边结

花边结就是用来装饰的小环。
编织平结的时候，在结与结之间编一个花边小环。这就是花边结的编织方法。

编织 1 次平结（参照 P32）。

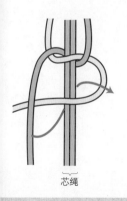

芯绳

2　从 1 所编织的平结中空出想要
　　的花边圆环间隔（★），然后
　　再编织平结。

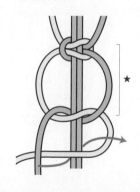

★

3　第 2 个平结编织完成之后，抓
　　住芯绳，将下面的平结上推。

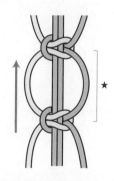

★

平结两侧就会形成两个花边。

花边

结的应用

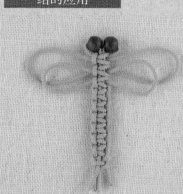

编织好的花边结可以看作绳结
的翅膀，这样蜻蜓的形状就出
来了。翅膀部分可以通过改变
花环的大小编织 2 次花边结，
剩余部分全部重复编织平结。

如果连续编织花边结，就变
成了带有流苏风格的饰物
（P148）。

41

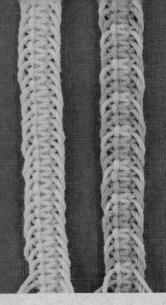

Knot 18 ✳ 鱼骨结A

鱼骨结是平结的拓展结。顾名思义，就像鱼的骨头一样。是一种在平结左右编环的绳结。

难易度：★★☆☆☆
绳子需要长度（成品15cm）：编织绳A、B、C各120cm，芯绳15cm
主要应用范围：用于手链和编织皮带等饰品中/用作宽幅编织带

1 在芯绳上用3根编织绳（A,B,C）编织平结。（参照P13，编织绳的编织方法）

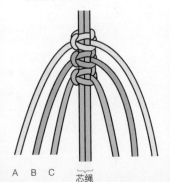

A B C 芯绳

2 将B，C往上拉并放置不管。A绳两端分别从左右穿过之后，在C的背后编1次平结（参照P32）。

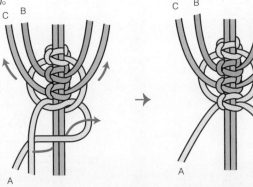

3 将C，A往上拉并放置不管。B绳两端分别从左右穿过之后，在A的背后编1次平结。

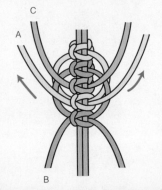

4 将A，B往上拉并放置不管。C绳两端分别从左右穿过之后，在B的背后编1次平结。重复步骤2~4编织。

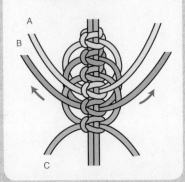

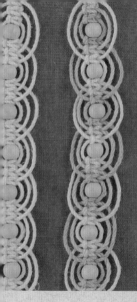

Knot 19 ＊ 鱼骨结B

鱼骨结B的特征是打结处为连续的圆形。
鱼骨结可结合串珠等饰品使用。

难易度：★★☆☆☆
绳子需要长度（成品15cm）：编织绳A、B、C各120cm 芯绳15cm
主要应用范围：手链和皮带等

---

1 在芯绳上用3根编织绳（A，B，C）编织平结（参照P13 "编织绳的编织方法"）。

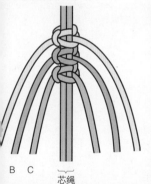

2 芯绳穿过串珠。把C绳的两端像画圆那样从左右穿过，在串珠背面编1次平结（参照P30）。

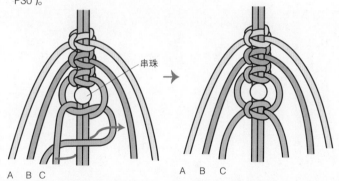

串珠

把B绳的两端像画圆那样从左右穿过，在C绳的背面编织1次平结。

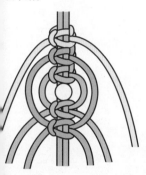

4 将A绳两端像画圆那样从左右穿过，在B绳下方编织1次平结。

5 按照上述做法，按照顺序把编织绳两端依次像画圆那样从左右穿过，进行编织。

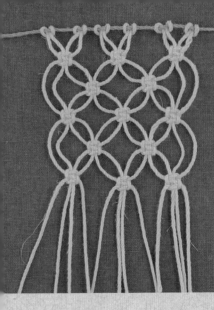

Knot 20 * 七宝结

七宝结是一种像日本传统的"七宝花纹"一样重复编织平结的绳结。
编织绳的数量越多，编出的结会越大。

难易度：★★☆☆☆
绳子需要长度：25cm×12根（如照片所示，成品尺寸约为8cm×8cm）
主要应用范围：网，垫/用于宽幅手链、短项链等

1 以4根编织绳为1组进行编织。

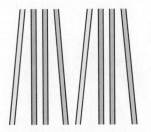

2 以中心的两根编织绳为芯绳，编织1.5次左上平结（参照P32）。
・其中0.5次处于编织1次左上平结到第2次左上平结之间。

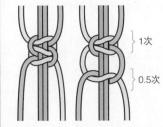

}1次

}0.5次

3 按照上述步骤操作就完成七宝结的第一节。如图所示，第二节往右偏移2根编织绳，并与第一节留出间隔，再编织1.5次平结。

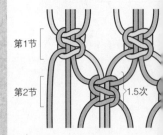

第1节

第2节

1.5次

4 按照同样操作，再偏移2根编织绳，重复编织平结。编织绳数量多的时候，编织方法也是相同的。

备忘录.

这里编织的是左上平结，如果编织右上平结，方法相同。编织右上平结时，把其他绳也统一为右上平结，左上平结也一样。

编右上平结也ok

编织出好看七宝结的要领

要想编织绳结整齐且样子好看的七宝结，就要用软木板的刻度，仔细确认绳结的长度，如照片所示，符合绳结空隙尺寸的尺子和厚纸紧贴着编织绳进行编织。

根据编织平结的次数和节与节之间的间隔，七宝结的形状会发生变化。

[平结×绳结紧凑编织的方案] 编织1次平结，不要空出节与节之间的间隙，进行紧凑编织。
编织成的绳结就变成了整齐的晶体阵。如果只编1次平结，绳结容易松动。

1 编织 1 次平结。

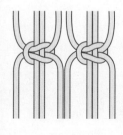

2 偏移 2 根编织绳，不要空出与第一节的间隙，再编 1 次平结。

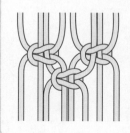

3 重复 1、2 的操作。

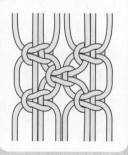

[平结×绳结紧凑编织的方案] 编织2次平结，不要留出节与节之间的间隙，进行紧凑编织。

1 编织 2 次平结。

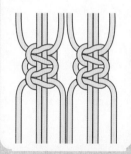

2 偏移 2 根编织绳，不要空出与第一节的间隙，再编 2 次平结。

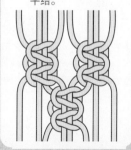

3 重复 1、2 的操作。

[平结×2色编织绳的方案] 使用两种颜色的编织绳，编织作品就会变成绳结花纹。编织平结次数较多的一方的花纹会醒目突出。

两种颜色编织绳的配置

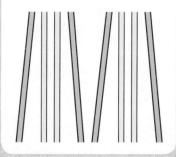

结的应用

想编织宽幅项链的时候，七宝结是十分合适的选择。用P17中b-4的方法打结。

Knot 21 * 链子编法

将1根编织绳编成锁链形状的编织方法。
链子编法的特征是拉动编织绳的两端，绳结就能够轻易地松开。

1 用编织绳做环。

预留5cm左右的距离

2 用左手的中指和大拇指按住环节，也即编织绳交叉的点。

3 将编织绳挂在食指上。

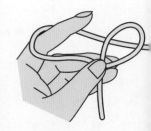

4 右手的食指和大拇指伸入环中，抽出挂在左手食指上的编织绳。

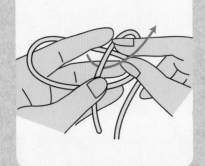

5 将左手移开，拉动编织绳两端和环，并将其拉紧。

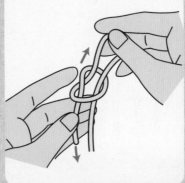

6 将编织绳挂在左手食指上，左手的大拇指和中指按住在5中拉紧的结点，右手食指入环里。

右手食

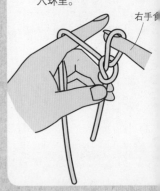

右手的食指和大拇指伸入环中，抽出挂在左手食指上的编织绳。

8 重复 6~7 的步骤。每次形成一个环的时候，就拉紧。

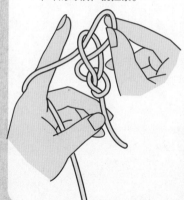

9 按照上述步骤，链子编法便完成了。

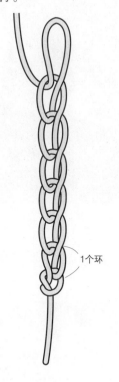

1个环

后收结的方法
（为了防止链子松开）

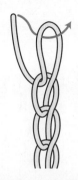

把编织绳子伸到环里

结的应用

加上串珠点缀的类型。在编织过程中，预先将几个串珠穿到编织绳里面，每做一个环就挑1颗串珠穿过圆环编织。

如果将编织绳拉紧，就会成为十分紧凑的绳结。

专栏

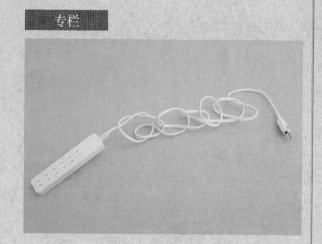

链子编法可以拉拽也可以松开，所以在收纳整理过长的插座线的时候也能用到，比较方便。

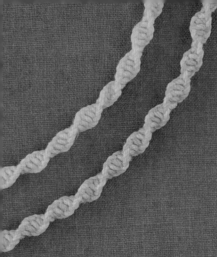

Knot 22 ＊ 左扭编结

左扭编结是一种将编织绳编成螺旋状的编织方法。能够编成一个从左上到右下方向的螺旋绳结。常用于手链和项链等。

难易度：★☆☆☆☆
绳子需要长度（成品 15cm ）：编织绳A、B各100cm,芯绳15cm
主要应用范围：饰品等

1 A放置在芯绳上，B放置在A上。B从芯绳的背面穿过A的正面。

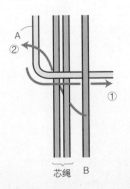

2 将绳子拉紧，保持左右长度均等。这样就完成了1次左扭编结。

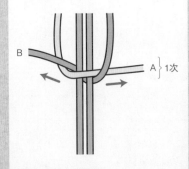

3 与1、2一样，将左边的编绳放置在芯绳上进行编织。

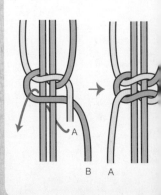

4 编 4~5 次之后，抓住芯绳然后把结往上推。这样打结处就会呈弯曲螺旋状。

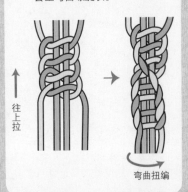

结的应用

使用多根编织绳，能够将扭编结织成垫状。
也可以将七宝结（P44）中的平变成扭编结。
这个时候要将扭编结的编织次定为扭编转动 0.5 次或者是 1 次。
编织者要注意一点，如果编织尚结束的扭编结，绳结表面是扭曲花纹也不清晰。

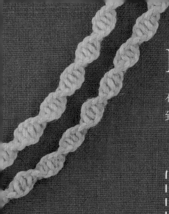

Knot 23 ＊ 右扭编结

右扭编结的螺旋旋转方向与左扭编结相反。能够编成一个从右上到左下方向的螺旋绳花纹。

```
难易度：★☆☆☆☆
绳子需要长度（成品 15cm ）：编织绳100cm×2，芯绳各15cm
主要应用范围：饰品等
```

1 B 放置在芯绳上,A 放置在 B 上。A 从芯绳的反面穿过 B 的正面。

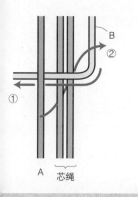

2 将绳子拉紧,保持左右长度均等。这样就完成了 1 次右扭编结。

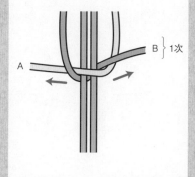

3 与 1、2 一样,将右边的编织绳放置在芯绳上编织。

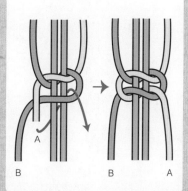

重复 1~3 的步骤,进行编织。

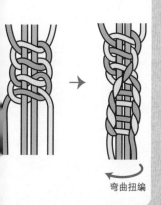

弯曲扭编

结的应用

使用了扭编结的手链。以革绳为芯绳,用 3 种颜色的麻绳编织。

编 5 次左扭编结,然后编 5 次右扭编结,交替编织,能够编织出锯齿状的花纹

Knot 24 * 左扭编双重结

左扭编结的双层结构，是一种从左上到右下的螺旋花纹。
如果用两种颜色的编织绳编织，螺旋花纹就会更加凸现了。

难易度：★★★☆☆
绳子需要长度（成品 15cm）：编织绳A、B各150cm，芯绳15cm
主要应用范围：饰品等

1　编织绳 A、B 分别等长分布在芯绳的两端，进行编织（参照 P13 "编织绳的编织方法"）。

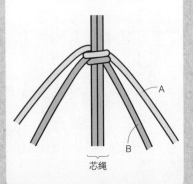

2　如图所示，将 B 放置不管，用 A 编 1 次左扭编结（参照 P48）。

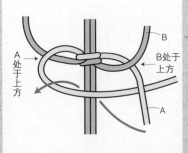

3　完成后的状态。

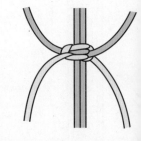

4　如图所示，将 A 放置不管，用 B 编 1 次左扭编结。

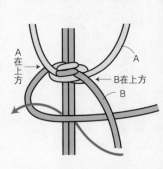

5　按照上述步骤，1 次左扭编双重结完成。

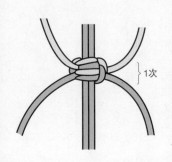

6　重复 1~5 的步骤，编织几次后，用手抓住芯绳将结往上缩短结与结之间的间隙。

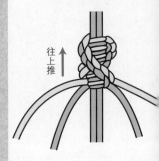

Knot 25 ＊ 右扭编双重结

右扭编结的双层结构，是一种从右上到左下的螺旋花纹。

难易度：★★★☆☆
绳子需要长度（成品15cm）：编织绳A、B各150cm，芯绳15cm
主要应用范围：饰品等

编织绳 A、B 分别等长分布在芯绳的两端，进行编织（参照 P13"编织绳的编织方法"）。

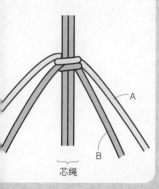

2　如图所示，将 B 放置不管，用 A 编 1 次右扭编结（参照 P49）。

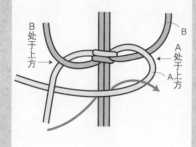

3　完成后的状态。

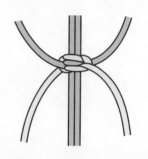

如图所示，将 A 放置不管，用 B 编 1 次右扭编结。

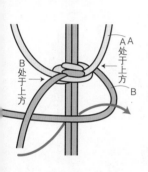

5　按照上述步骤，1 次右扭编双重结完成。

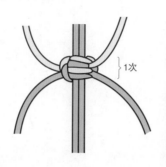

6　重复 1~5 的步骤，编织几次之后，用手抓住芯绳将结往上推，缩短结与结之间的间隙。

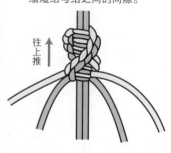

Knot 26 ✳ 交叉扭编结

交叉扭编结是一种交叉重复编织左右扭编结的绳结。
如果将2根螺旋形的绳结交叉，就能够形成一个菱形结。

难易度：★★★★★
绳子需要长度（成品 15cm）：编织绳A、B各200cm，芯绳15c
主要应用范围：饰品等

1 编织绳 A、B 分别等长分布在芯绳的两端，进行编织（参照 P13 "编织绳的编织方法"）。

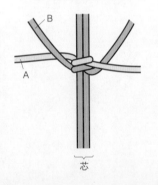

芯

2 将 B 往上拉，放置不管，如图所示，用 A 编 1 次右扭编结（P49）。

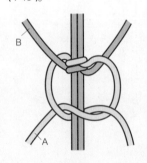

3 将 A 往上拉放置不管。

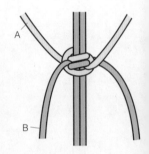

4 如图所示，用 B 编 1 次左扭编结（P48）。

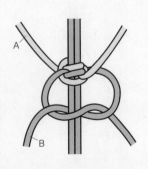

5 重复步骤 2~4。

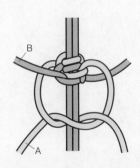

6 重复 1~5 的步骤编织几次，至左右绳结相交，将 B 交叉至 A 上。图为用 A 编织了 3 ，用 B 编织了 2 次后，绳结的情况。

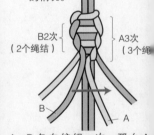

B2次 ｜ A3次
（2个绳结）｜ （3个绳结

A、B 各自编织 n 次，那么 A 所在一侧的绳结就有 n 个。

绳结相交的地方。相反一侧
（A'、B'）也同样进行交叉。
此时，就出现了交叉花纹。

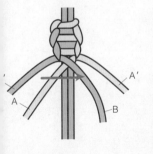

8 下图为从 90° 垂直方向看绳子
的编织情况。

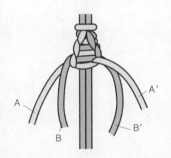

9 用交叉的 B 绳编第 3 个结，这
样 A 编了 3 次，B 也编了 3 次。

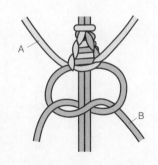

重复 2~4 的步骤。

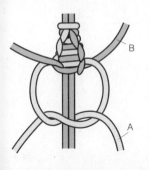

11 直到左右绳结再度相交时，
将 B 交叉在 A 上，相反一侧
也同样进行交叉。这时，要
让 A、B 的编织次数相同，即
各编 3 次。

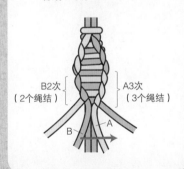

B2次
（2个绳结）
A3次
（3个绳结）

12 下图为从 90° 垂直方向看绳
子的编织情况。用交叉的 B
绳编第 3 个结，这样 A 编了
3 次，B 也编了 3 次。

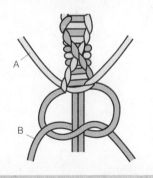

重复 2~12 的步骤。像★那样，
交叉的时候要注意每次放在正
面的编织绳颜色要一致。

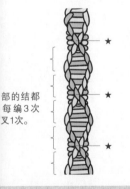

部的结都
每 编 3 次
叉 1 次。

备忘录.

交叉时机

这次介绍的是每编3次交叉1次的类型，
但是绳结相交之前编织的次数不一定是
3次。可以根据以下的条件，进行灵活
改变。
· 编织绳的厚度
· 绳结的紧凑情况
· 芯绳的厚度
比如说，芯绳越粗，绳结相交之前编织
的次数就会越多。编织者可以根据情况
调节。编织整个作品时，每条编织绳编
织的次数要相同，才是最重要的。

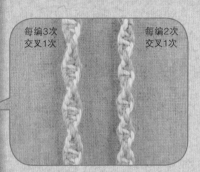

每编3次
交叉1次
每编2次
交叉1次

Knot 27 ＊ 三股辫

三股辫在日常生活经常用到，是一种一般的编织方法。
用3根编织绳进行编织、表面扁平。

难易度：★☆☆☆☆
绳子需要的长度（成品15cm）：30cm×3
主要应用范围：用于饰品/装饰带

1 将3根编织绳并列排放。A和B交叉。

2 C和A交叉。

3 遵循1、2的操作顺序编织。

4 一边编织一边拉紧编织绳。

结的应用 / 改变编织绳材质

①一边编织一边
串珠穿到中间的编
织绳里面。

②用皮革平绳编织

③用皮革圆绳编织

Knot 28 ＊ 四股辫

用4根编织绳进行编织，表面扁平。
将相邻的2根编织绳进行交叉。

难易度：★★☆☆☆
绳子需要长度（成品15cm）：30cm×4
主要应用范围：用于饰品、皮带。

将4根编织绳并列排放。A与B 交叉。

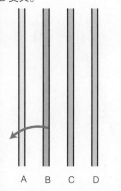

A B C D

2 C与D交叉。

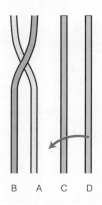

B A C D

3 A与D交叉。

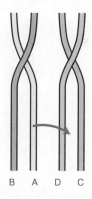

B A D C

遵循1~3 的操作顺序，进行重复交叉。

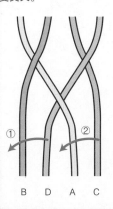

① ②

B D A C

5 一边编织一边拉紧编织绳。

改变编织绳的材质

① ②

①用皮革平绳编织。
②用皮革圆绳编织。

Knot 29 * 五股辫

用5根编织绳进行编织，表面扁平。
五股辫的编织面积要大于五股平编。

难易度：★★☆☆☆
绳子需要长度（成品15cm）：30cm×6
主要应用范围：用于饰品、包的提手以及编织皮带等

1 将5根编织绳并列排放。A 和
  B，E 和 D 交叉。

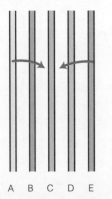

A B C D E

2 把 E 从 C 背面穿过 A 的正面。

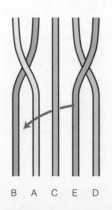

B A C E D

3 遵循1、2 的操作顺序，
  交叉。

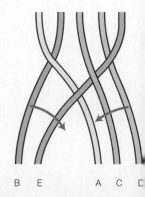

B E   A C D

4 一边编织一边拉紧编织绳。

改变编织绳的材质

①用皮革平绳编织。

②用皮革圆绳编织。

Knot 30 ＊ 五股平编

用5根编织绳编织，表面扁平。
编织绳的两端要穿过内侧进行交叉编织。

难易度：★★☆☆☆
绳子需要长度（成品15cm）：30cm×5
主要应用范围：用于饰品等

将5根编织绳并列排放。E穿过D、C的正面并移到中间交叉。A穿过B、E的正面并移到中间交叉。

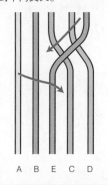

A B E C D

2 D穿过C、A的正面并移到中间交叉。

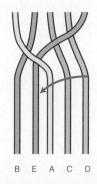

B E A C D

3 B穿过E、D的正面并移到中间交叉。遵循1~3的操作顺序，重复交叉。

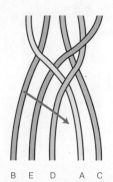

B E D A C

一边编织一边拉紧编织绳。

改变编织绳的材质

①用皮革平绳编织。

②用皮革圆绳编织。

结的应用

用皮革平绳编织手链时，只要用小金属配件来固定编织绳的两端即可，做法比较简单。

Knot 31 ＊ 六股辫

用6根编织绳编织，表面扁平。
编织绳的两端要穿过内侧进行交叉编织。

难易度：★★★☆☆
绳子需要长度（成品15cm）：30cm×6
主要应用范围：用于饰品、包的提手以及编织皮带等

1 将6根编织绳并列排放。中间的2根编织绳（C，D）交叉。将D和B交叉，E和C交叉。

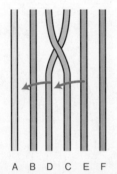

A B D C E F

2 将中间的2根编织绳（B，E）交叉。

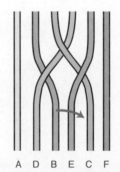

A D B E C F

3 左侧A穿过E的反面，右侧穿过B的正面，两者移到中间。

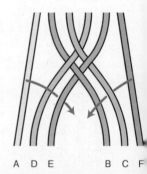

A D E　　B C F

4 将中间的两条编织绳（A和F）交叉。

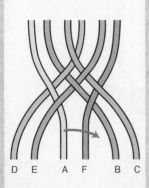

D E　A F　B C

5 按照3、4的顺序重复交叉。

D E F　　A B C

6 一边编织一边拉紧编织绳。

改变编织绳的材质

①用皮革平绳编织。
②用皮革圆绳编织。

Knot 32 ✽ 梭结

由于梭结的绳结纤细，所以常用于女性饰品。
根据编织绳缠绕方向的不同，有两种梭结，分别是左梭结和右梭结。

难易度：★☆☆☆☆
绳子需要长度（成品 15cm）：编织绳150cm ×1 芯绳15cm
主要应用范围：用于饰品等

[左梭结]

将编织绳放置在芯绳的左边。如图所示，将编织绳绕到芯绳上面。

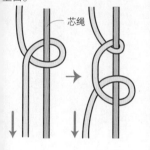

2　拉紧。这样就完成了1次左梭结。

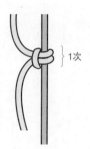

3　重复步骤1~2。

[右梭结]

芯绳和编织绳放置位置与左梭结相反，按照相同方法编织，这样就完成了右梭结。

2

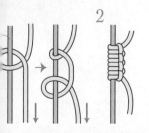

结的应用

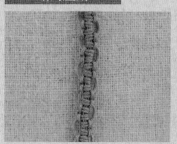

左梭结与右梭结可以交替重复编织。

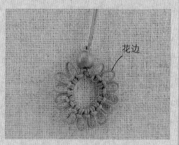

编织者可以把用右梭结编织而成的作品弯成圆形，做成一个圈。每编1次右梭结就将编织绳稍微拉松一点，这样可以给作品添加花边。

Knot 33 ✳ 连续半卷结

按照顺序缠绕4根编织绳，并且将其编成绳索形状。

难易度：★★★☆☆
绳子需要长度（成品15cm）：75cm×4
主要使用范围：用于饰品等

1 将4根编织绳并列排放。D绕到C上，C绕到B上。

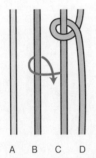

2 B绕到A上。

3 A穿过B，C的反面绕到D

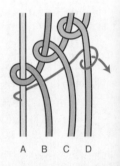

4 拉紧编织绳。这样就完成了1次编织。绳结呈筒状。

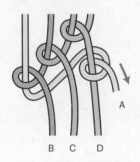

5 按照同样步骤，将每根编织绳依次绕到左边相邻的编织绳上，形成一个圆绳索形状。

改变编织绳的材质

①用皮革平绳编织。
②用皮革圆绳编织。

Knot 34 * 轮结

用1根编织绳绕芯绳编织而成的绳结。
能够编出螺旋状的花纹。

难易度 ： ★☆☆☆☆
绳子需要长度（成品 15cm ）：编织绳180cm × 1
　　　　　　　　　　　　　芯绳15cm
主要应用范围：用于饰品等

[轮结]

把芯绳放在左边，编织绳放在右边。如图所示，将编织绳绕在芯绳上。图上是绕了 1 次的形状。

芯绳

2　重复缠绕，因为要让结发生弯曲，所以要以顺时针的方向绕着芯绳转动。

[轮结]

把芯绳放在右边，编织绳放在左边。如图所示，将编织绳绕在芯绳上。图上是绕了 1 次的形状。

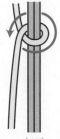

芯绳

2　重复缠绕，因为要让结发生弯曲，所以要以逆时针的方向绕着芯绳转动。

结的应用

如果以圆环状的编织绳为芯绳进行编织，就会变成一种不是螺旋花纹但是很漂亮的结。照片为在塑料环上编织而成的手镯。

Knot 35 ＊ 立体四股辫

将4根编织绳组合在一起编成绳索状。
左右两边的编织绳分别穿过内侧的编织绳。
记住一个规律：闲置的编织绳将在下次使用。

难易度：★★☆☆☆
绳子需要长度（成品 15cm）40cm×4
主要应用范围：用于饰品/包的提手等

1 将4根编织绳并列排放。C与
B交叉。

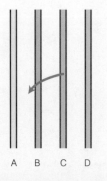

2 D穿过B，C的背面，从正面
穿过C，B中间的缝隙里。

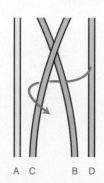

3 A穿过C，D的背面，从正
穿过D，C中间的缝隙里。

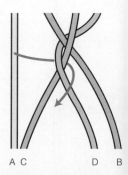

4 B穿过D，A的背面，从正面
穿过A，D中间的缝隙里。

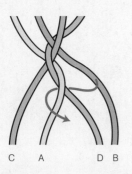

5 按照3、4的顺序，反复进行
穿插编织，一边编织一边将绳
子拉紧。

开始编织时绳子的排列方法不同，正反面的颜色会有所不同。立体四股辫有以下两种配色方案。

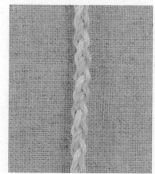
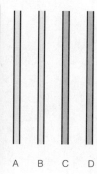

花纹图案呈竖向。

花纹图案相互交错。

变编织绳的材质 使用的编织绳材质不同，作品所呈现出来的感觉也会有所不同。

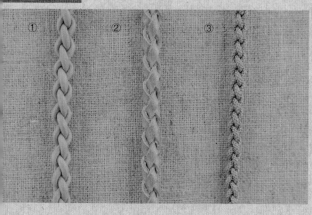

① 使用皮革圆绳。

② 使用皮革平绳。
※ 用平绳进行编织的时候，经常
要将编织绳的正面往外翻，再进
行编织。

③ 使用跑马线。

结的应用

平绳编织，再安装上卡子，就成了手链。
本四股辫是皮革饰品编织的基础结，比较常用。

4 根编织绳牢牢编
紧，最适合做包的
提手。与手工布包
等搭配（P145）。

Knot 36 ＊ 立体六股编

用6根编织绳，编织成绳索状。
比立体四股辫的形状要粗。

难易度：★★★☆☆
绳子需要长度（成品15cm）：40cm×6
主要应用范围：用于饰品/包的提手等

1 将6根编织绳并列排放，D与
C交叉。

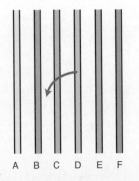

2 F穿过E、C、D、B的背面，
从B的正面穿过D的背面，穿
入D、C中间的缝隙里。

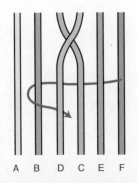

3 A穿过B、D、F、C的背面，
从C的正面穿过F的背面，入
入F、C中间的缝隙里。

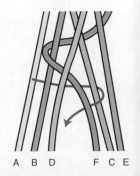

4 E穿过C、F、A、D的背面，
从D的正面穿过A的背面，
穿入A、F中间的缝隙里。

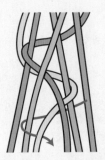

5 B穿过D、A、E、F的背面，
从F的正面穿过E的背面，穿
入E、A中间的缝隙里。

6 按照同样的步骤反复编织，
一边编织一边把编织绳拉

开始编织时绳子的排列方法不同，正背面的颜色会有所不同。立体六股编有以下两种配色方案。

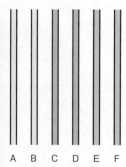

花纹图案斜向呈现。

花纹图案随机。

改变编织绳的材质 使用的编织绳材质不同，作品所呈现出来的感觉也会有所不同。

结的应用

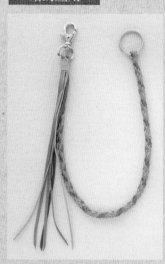

使用皮革圆绳。

使用皮革平绳。
用平绳进行编织的时候，经常
将编织绳的正面往外翻，进行
。

使用跑马线。

用立体六股编制
作的2色皮革钱
包链。如右图所
示，将3根编织
绳套在圆环上开
始编织。

A B CD E F

Knot 37 ＊ 十字结（圆柱

4根编织绳编织成井字形的编织方法。
能够编成圆柱状的绳索。

难易度：★★☆☆☆
绳子需要长度（成品 15cm）：160cm×2 或者是80cm×4
主要应用范围：用于手链等

1 把编织绳摆放成十字形（开始
   方法参照右页）。

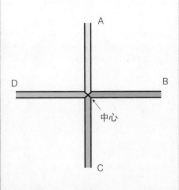

2 逆时针将编织绳重叠起来，即
   A 重叠到 B 上。

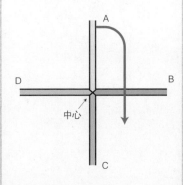

3 按照同样方法，将 B 重叠到
   C 上，C 重叠到 B、D 上，
   后 D 重叠到 C 上并穿过中
   重叠形成的圈里。

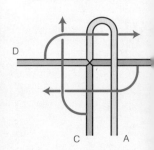

4 将 4 根编织绳均等拉紧。

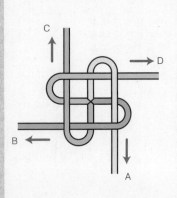

5 第一个十字结完成。

6 重复 2~4 的步骤编织。

字结（圆柱状）编织开始方式

编十字结（圆柱状）时，有用4根编织绳编织的，也有用长度相等，且总长等于4根编织绳总长的2根编织绳编织的，这两种编织方法的开始方式是不同的。

Ⓐ 4根编织绳

Ⓑ 2根编织绳，总长度等同于4根编织绳的总长。

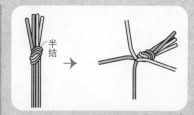

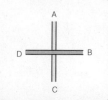

Ⓐ 将打好半结的4根编织绳摆放成十字状，开始编织。

Ⓑ 将2根编织绳交叉成十字，开始编织。编织绳顶端编成圆形。

为了让顶端部分看起来漂亮一些，编织了1次之后，可以将背面翻过来继续编织，这样顶端部分就能够编织成漂亮的方格花纹图案了。

配色方案

开始编织时绳子的排列方法不同，正背面的颜色会有所不同。十字结（圆柱状）有以下两种配色方案。

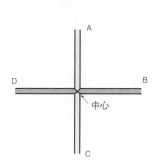

花纹图案从右到左呈螺旋状。

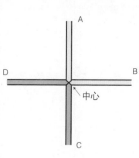

花纹图案从左到右呈螺旋状。

结的应用

编织绳逐条穿过串珠，再编十字结（圆柱状）。

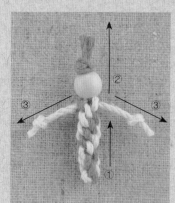

灵活运用十字结（圆柱状）的编织方法可以编织人偶。

① 编织十字结（圆柱状）做人偶的身体。

② 2根粉色编织绳穿过串珠打半结。

③ 白色的2根编织绳分别打半结做人偶的手。

Knot 38 ＊ 十字结（棱柱状

4根编织绳编织成井字形的编织方法。
与圆柱状的十字结很相似，这次编织而成的是棱柱状的绳索。

难易度：★★☆☆☆
绳子需要长度（成品 15cm）：160cm×2 或者是80cm×4
主要应用范围：用于手链等

1 4根编织绳排放成十字状（开始方法参照右页）。

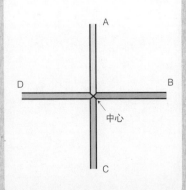

2 编织1次十字结（圆柱状）（参照P66）。

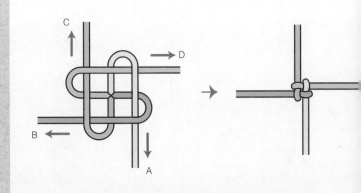

3 接下来，逆向编织，C放置在B的正面上。

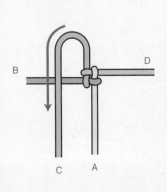

4 B放置在C和A的正面上。

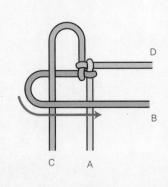

5 A放置在B和D的正面上。

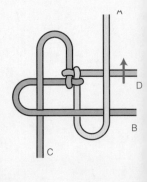

D 穿过 A 的正面，并且从正面穿过 C 所形成的圆圈。

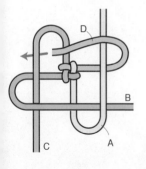

7 将 4 根编织绳均等拉紧。

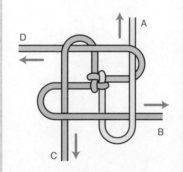

8 重复 2~7 的步骤编织。

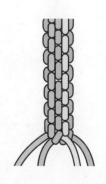

配色方案　开始编织时绳子的排列方法不同，正背面的颜色会有所不同。十字结（棱柱状）有以下两种配色方案。

纵向每 2 列呈现一种颜色。

纵向每 1 列或者是 2 列为一色。

十字结（棱柱状）编织开始方式

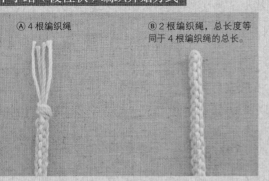

Ⓐ 4 根编织绳

Ⓑ 2 根编织绳，总长度等同于 4 根编织绳的总长。

十字结（棱柱状）时，有用 4 根编织绳编织的，也有用长且总长等于 4 根编织绳总长的 2 根编织绳编织，这种编织方法的开始方式是不同的。与 P67 "十字结（圆柱状）编织开始方式" 相同。

结的应用

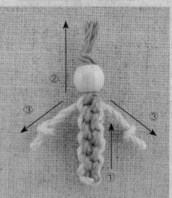

灵活运用十字结（棱柱状）的编织方法可以编织人偶。

① 编织十字结（棱柱状）做人偶的身体。

② 2 根蓝色编织绳穿过串珠打半结。

③ 淡蓝色的 2 根编织绳分别打半结做人偶的手。

Knot 39 ✳ 人字形斜纹编织（6线

6根编织绳组合编织成犹如杉树叶子般的花纹。
编出的绳索稍微有些粗糙，有棱角。

难易度：★★★☆☆
绳子需要长度（成品15cm）：40cm×6
主要应用范围：用于手链等

改变编织绳的
左：皮革圆编
中：皮革平编

1 将6根编织绳并列排放。F穿过E、D、C、B的背面，从正面穿过C、D中间的缝隙里。

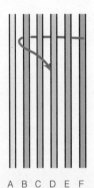

A B C D E F

2 A穿过B、C、F、D的背面，从正面穿过F、C中间的缝隙里。

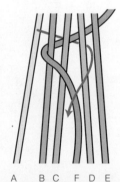

A B C F D E

3 E穿过D、F、A、C的背面，从正面穿过A、F中间的缝隙里。

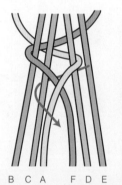

B C A F D E

4 按照2、3的步骤和顺序，反复编织。

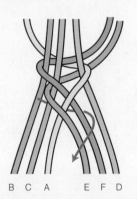

B C A E F D

5 一边编织，一边拉紧编织绳。

配色

A B C D E F

开始编织
绳子的排
方法不同
正背面的
色会有所
同。左上
照片b
照左图的
色编织而
的。

Knot 40 ＊ 人字形斜纹编织（8线）

8根编织绳组合编织成犹如杉树叶子般的花纹。
横截面是四角形的绳索形状。
与人字形斜纹编织（6线）相比，人字形斜纹编织（8线）更粗一些。

难易度：★★★☆☆
绳子需要长度（成品15cm）：40cm×8
主要应用范围：用于手链等

改变编织绳的材质
左：皮革圆绳
中：皮革平绳
右：跑马线

将8根编织绳并列排放。H穿过G、F、E、D、C的背面，从正面穿过D、E中间的缝隙里。

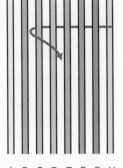

A B C D E F G H

2 A穿过B、C、D、H、E的背面，从正面穿过H、D中间的缝隙里。

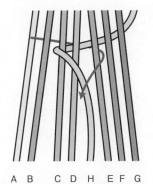

A B C D H E F G

3 G穿过F、E、A、H、D的背面，从正面穿过A、H中间的缝隙里。

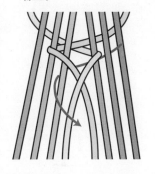

B C D A H E F G

按照2、3的步骤和顺序，反复编织。

C D A G H E F

5 一边编织，一边拉紧编织绳。

配色

A B C D E F G H

开始编织时绳子的排列方法不同，
正背面的颜色会有所不同。
左上的照片b是按照上图的配色
编织而成的。

71

4线　　6线

Knot 41 ＊ 疙瘩结（收结

将编织绳编成球形的编织方法。用于编织绳两端的处理、装饰，
以用于固定作品中的饰物。有两种类型，一种是4线编织，另一种
线编织。

难易度：★★★☆☆
主要应用范围：编织绳两端的处理/装饰/绳结（起卡子作用）

[4线]

1 按照十字结（圆柱状）1~4 的
编织步骤进行（参照 P66），
然后逆向编织。D 从背面穿过
距离中心很近的圆圈（★）。

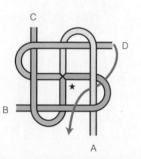

2 按照相同步骤，A 从背面穿过
距离中心很近的圆圈（★）。

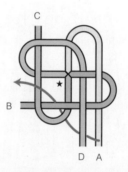

3 B 也一样从背面穿过距离中心
很近的圆圈（★）。

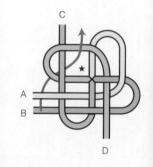

4 最后，C 也按同样方法操作。
这里有 1 个重合的圆圈，C 从
背面穿过距离中心很近的圆圈
（★）。

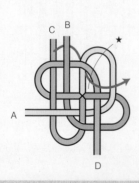

5 图中是 4 根编织绳全部穿过圆
圈的情景。编织绳方向朝上。

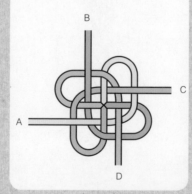

6 按照图中箭头所示方向，1 根
1 根慢慢地拉紧编织绳，最后
将 A、B、C、D4 根编织绳
两端收拢，轻轻地上下拉紧。

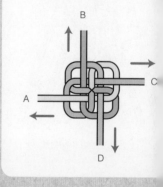

利用小锥子等工具将绳结1根1根按照①~③的顺序拉紧。

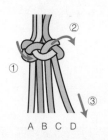

A B C D

8 拉紧所有的编织绳之后，整理形状。

结的应用

在编织作品中垂饰的左右两边连续编织疙瘩结。绳结的形状会变得较粗。

的应用 / 改变编织绳的材质

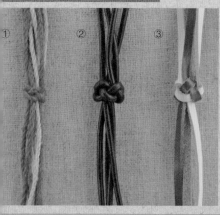

① 有芯绳的疙瘩结：8根编织绳中用4根编织绳来编织疙瘩结，剩下的4根编织绳穿过绳结的内侧为芯绳（参照右图）。如果编织绳数目超过4根，可以将剩下的编织绳做芯绳使用。

② 使用皮革圆绳。

③ 使用皮革平绳：用平绳编织的时候，常将平绳正面放在外侧再编织。

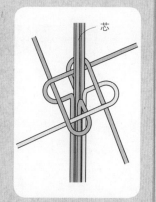

芯

参照 P72 的 4 线编织方法，将6根编织绳组合起来。

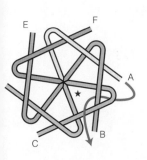

E F A C B

2 参照 4 线编织方法，将编织绳穿过离中心很近的圆圈（★）。最后用 F 进行编织的时候，会有 1 个重叠的圆圈，要将 F 从背面穿过距离中心很近的圆圈（★）。

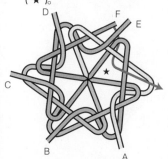

D F E C ★ B A

3 拉紧所有的编织绳，整理形状。

73

Knot 42 * 横卷结

常用于幸运绳等作品的编织。
将芯绳横向放置，编织绳纵向编织。

难易度：★★☆☆☆
需要工具：软木板，流苏针
主要应用范围：用于幸运绳、饰品等

看记号的正确方法

接近编织绳
点的部分是
开的

卷结的绳结
（结点）

与芯绳所
点是相连

[从左向右编织时]

结点记号

1 用流苏针将芯绳固定拉直，编织绳如箭头所示那样缠绕在芯绳上。

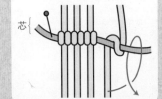

2 拉紧编织绳。

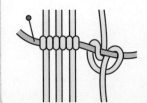

3 横卷结完成。

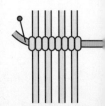

[从右向左编织时]

结点记号

1 用流苏针将芯绳固定拉直，编织绳如箭头所示那样缠绕在芯绳上。

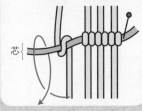

2 拉紧编织绳。

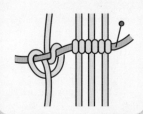

3 横卷结完成。

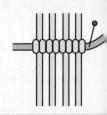

[编织几节横卷结时]

结点记号

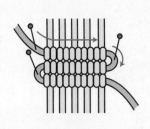

如图所示，从左到右，再从右到左，反复进行编织。

备忘录.

在编织过程中，用流苏针等工具固定芯
和编织绳再进行编织。

如果要编织好几节横卷结，节与节之间
要留出空隙，这样编织出来的横卷结比
好看。

为了不让节与节之间出现空隙，有一
小窍门，就是编织时将芯绳往斜
拉紧。

Knot 43 ＊ 纵卷结

与横卷结类似，但纵卷结是将芯绳纵向放置，编织绳横向编织。

难易度：★★☆☆☆
需要工具：软木板，流苏针
主要应用范围：用于幸运绳、饰品等

看记号的正确方法

与芯绳所在的点是相连的

卷结的绳结（结点）

接近编织绳结点的部分是断开的

左向右时]

记号

1 用流苏针将芯绳固定拉直，编织绳如箭头所示那样缠绕在芯绳上。

芯绳

2 如箭头所示那样，拉紧芯绳和编织绳。

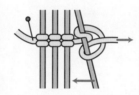

3 纵向结完成。

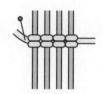

右向左时]

记号

1 用流苏针将芯绳固定拉直，编织绳如箭头所示那样缠绕在芯绳上。

芯绳

2 如箭头所示那样，拉紧芯绳和编织绳。

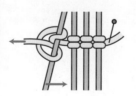

3 纵向结完成。

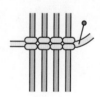

只几节吉时]

记号

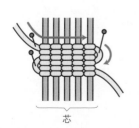

芯

如图所示，从左到右，再从右到左，反复编织。

备忘录.

在编织过程中，用流苏针等工具固定芯绳和编织绳再编织。
如果要编织好几节纵向结，节与节之间不要留出空隙，这样编织出来的纵卷结比较好看。
编完一节纵卷结之后用手拉住芯绳，将结点往上拉一下之后再编织下一节。

Knot 44 ✳ 斜卷结

斜卷结与横卷结基本相同。
编织绳在芯绳上的缠绕位置稍微偏移一点，斜向编织。

难易度：★★☆☆☆
需要工具：软木板，流苏针
主要应用范围：用于饰品、编织皮带等

看记号的正确方法

与芯绳所在的
点是相连的

接近编织
结点的
是断开的

卷结的
（结点

[右下编织时]

结点记号

1 用流苏针将A（芯绳）
固定拉紧，如图所示，
将B、C、D按照顺序
从左上到右下斜向编织。

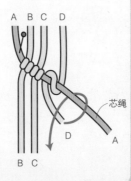

2 编织时保持结点在一
条直线上。

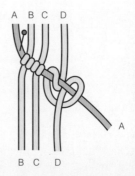

3 斜卷结完成。

[左下编织时]

结点记号

1 用流苏针将A（芯绳）
固定拉紧，如图所示，
将B、C、D按照顺序从
右上到左下斜向编织。

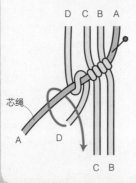

2 编织时保持结点在一
条直线上。

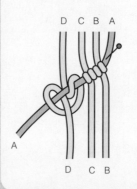

3 斜卷结完成。

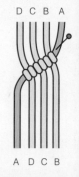

记号

1 编织了第一节斜卷结之后，将芯绳折回，逆向编织第二节斜卷结。

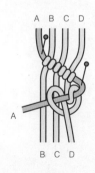

2 同样，编织了第二节斜卷结之后，将芯绳折回。

之前编好的绳子连接着折回的芯绳

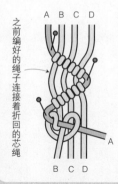

3 重复上述操作。如果每次逆向斜卷编织的角度相近，编织出来的Z字形就会很漂亮。

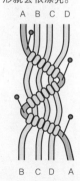

［织若干节斜卷结的时候］（适用于右下编织的情形）

记号

1 从左上到右下编织第一节斜卷结。之前为芯绳的A线到了最右边。进行第二节编织的时候，以最左边的B为芯绳进行编织。

下一节的芯绳

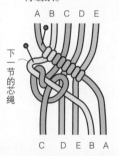

2 第二段编织结束之后的状态。之前为芯绳的B线到了最右边。

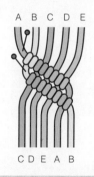

3 进行第三段编织时，以最左边的C线为芯绳进行编织。

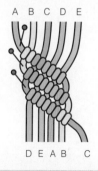

［织若干节斜卷结的时候］（适用于左下编织的情形）

记号

1 从右上到左下编织第一节斜卷结。之前为芯绳的A线到了最左边。进行第二节编织的时候，以最右边的B为芯绳进行编织。

下一节的芯绳

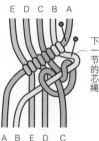

2 第二段编织结束之后的状态。之前为芯绳的B线到了最左边。

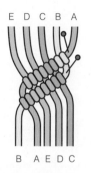

3 进行第三段编织时，以最右边的C线为芯绳进行编织。

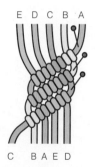

P74 的备忘录
可以将斜卷结
编很漂亮。

反横卷结

反纵卷结

Knot 45 ＊ 反卷结

反卷结是将卷结的反面变成正面的一种编织方法。
反横卷结将横卷结的反面变成了正面，反纵卷结将纵卷结的反面变成了正面。
反横卷结和反纵卷结都是密闭的。

难易度：★★★☆☆
需要工具：软木板，流苏针
主要使用领域：幸运绳、饰品等

看记号的正确方法

接近编织点的部分是张开的

反卷结的绳结（结点）

与芯绳所在点是相连的

反横卷结

[从左往右编织时]

结点记号

1 用流苏针将芯绳拉直，如图所示，将编织绳缠绕在芯绳上。

芯绳{

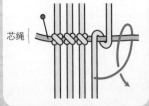

2 拉紧编织绳。

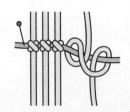

3 反横卷结完成。

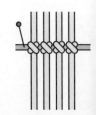

[从右往左编织时]

结点记号

1 用流苏针将芯绳拉直，如图所示，将编织绳缠绕在芯绳上。

芯{

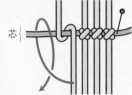

2 拉紧编织绳。

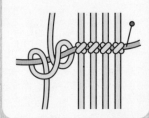

3 反横卷结完成。

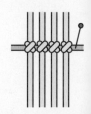

[编织若干节反横卷结时]

结点记号

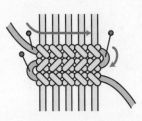

如图所示，从左到右，再从右到左，反复进行编织。

备忘录．

如果斜向编织反横卷结，就可以编织成为反斜卷结。

反纵卷结

**[左往右
时]**

记号

1 用流苏针将芯绳拉直，如图所示，将编织绳缠绕在芯绳上。

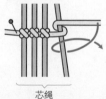

芯绳

2 拉紧编织绳。

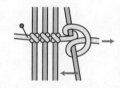

3 反纵卷结完成。

**[右往左
时]**

记号

1 用流苏针将芯绳拉直，如图所示，将编织绳缠绕在芯绳上。

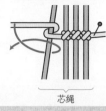

芯绳

2 拉紧编织绳。

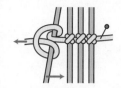

3 反纵卷结完成。

**[织若干节反
结时]**

记号

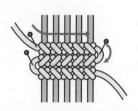

如图所示，从左到右，再从右到左，反复编织。

备忘录.

在编织过程中，请先用流苏针等小工具固定住芯绳和编织绳，再进行编织。

如果想要编织出漂亮的反纵卷结，可以分别参考"反横卷结"P74的备忘部分以及"反纵卷结"P75的备忘部分。

卷结的变形方案

运用横卷结，可以将作品编织成为Z字形。

斜卷结三节
反卷结二节

交替反复编织斜卷结和反卷结。

用反卷结可以编织出V字图案。

79

Knot 46 ✳ 平面图案编织

使用横卷结和纵卷结，编织出花纹和图案。
编织者掌握了这种技术后，就能够编织出自己喜欢的图案了。

难易度：★★★★☆
主要应用范围：幸运绳、垫子、织锦挂毯等

看记号的正确方法

1个方格代表1次卷结数
底色部分编织横卷结，
图案部分编织纵卷结。

通过改变纵向编织绳和横向编织绳的颜色，编织出花纹图案，
这就是平面图案编织。用纵向编织绳编织横卷结，用横向编织
绳编织纵卷结，分开进行编织，就会出现右图例子所呈现出来
的方块花纹。

开始 A（纵向编织绳）

B（横向编织绳）

第一节
2
3
4
5
6
7
8
9
10
→ 11

□ =A（横卷结）

■ =B（纵卷结）

1 首先编织第一节。编织 12 次横卷结（参照 P74）

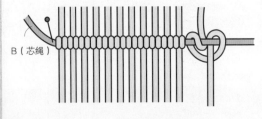

A（纵向编织绳12根）

B（芯绳）

2 将芯绳折返，第二节继续编织 12 次的横卷结。

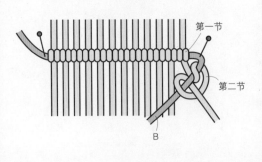

第一节

第二节

B

3 再将芯绳折返过来，编织第三节。先编织 5 次横卷
第 6 次和第 7 次以 A 为芯绳，用 B 编织纵卷结。

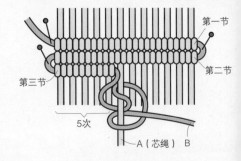

第一节

第二节

第三节

5次

A（芯绳） B

再编织 5 次横卷结，第三节就编织完成了。

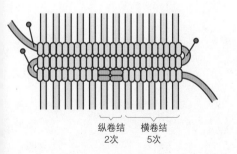

纵卷结　横卷结
2次　　5次

5 剩下的几节按照图中记号标示的那样，分别编织横卷结和纵卷结。

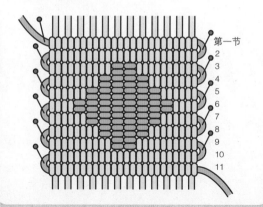

第一节
2
3
4
5
6
7
8
9
10
11

　使用平面图案编织技术，可以将字母编入幸运绳等作品当中。

子）

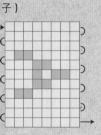

□ = 横卷结
■ = 纵卷结

子）

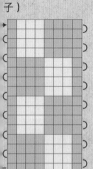

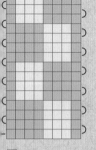
□ = 横卷结
■ = 纵卷结

使用这种方法也可以简单地编织出格子花纹图案。

Knot 47 ＊ 贝壳结

贝壳结的形状像贝壳一样弯曲。
纵向连续编织。以几节贝壳结作为编织作品的表
面，会出现独特的凹凸感。

> 难易度：★★★★☆
> 绳子需要长度（成品15cm）：50cm×8
> 主要应用范围：用于手链等

纵向连续编织。编织
排放为左边4根，
右边4根，E～H，
种不同的颜色，就能
照片所示的那样，
现不同的颜色。

1 将8根编织绳并列排放。用
A～D，E～H分别编织1次平
结（参照P32）。

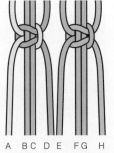

A B C D E F G H
芯绳　芯绳

2 以D为芯绳由E编织横卷结
（参照P74）。

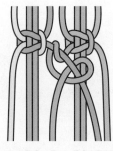

A B C E F G D H

3 同样以D为芯绳用F、G、
编织横卷结。这就完成了贝
结第一节。第二节是以C为
绳将E～H缠绕在C上。

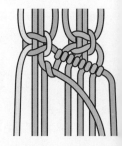

A B E F G H C D

4 第三节是以B为芯绳、第四节
是以A为芯绳，用E～H编织
横卷结。第四节编织结束之后，
用A～D、E～H分别编织1次
平结，要编紧。

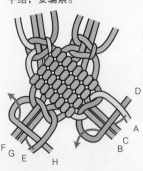

D
A
C
B
F
G E
H

5 拉紧编织绳。这样卷结部分就
会自然隆起。

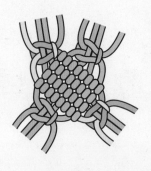

结的应用

如果编织绳数量增加，编织出
作品会呈现平面状。

Part 2   装饰结

这一章会介绍以装饰为目的的"装饰结"。装饰结的历史悠久，从中国的中国结、韩国的韩国结、日本的花结等代表东方文化的手工编织品到西洋的手工编织品。装饰结的特征是模仿某种形状进行编织，花纹华丽鲜艳，不仅用于装饰，在编织品当中也寄托了吉祥、平安、如意等美好愿望，这是装饰结的要素之一。装饰结能应用到以饰品为重的坠饰、皮带、装饰纽扣当中。比如"难得布袋上穿了绳子，那就稍微花点工夫编个漂亮的装饰结吧！"希望大家能够在日常生活中尽情享受装饰结带来的乐趣。

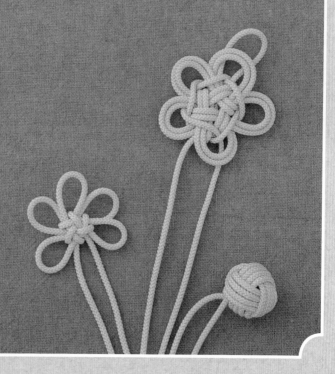

Knot 48 ＊ 8字结（纵向）

8字结是8字形的小结。可以做装饰和绳结用。

难易度：★☆☆☆☆
主要应用范围：装饰和绳结

1 在喜欢的位置随意上折环，从编织绳正面穿过环。

2 上下依次将编织绳拉紧。

Knot 49 ＊ 金刚结

也叫蛇结。用小的结扣将2根编织绳连接起来的编织方法。如果用2根不同颜色的编织绳连续编织，绳结看起来就像鱼鳞一样。

难易度：★★☆☆☆
主要应用范围：装饰、饰品等

结的应用

连续编金刚结可以编饰品。如果改用皮革编织，会给人不同的感

1 在编织绳中心处对折，或者是取2根编织绳编织。B从A的前面绕到后面。

2 A从B的后面绕到前面，穿过步骤1所形成的环里。

3 在喜欢的位置将A往前拉紧，之后再拉紧B。

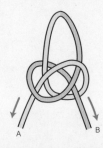

4 金刚结完成。

Knot 50 ＊ 死结（纵向）

用×形的结扣将2根编织绳连接起来的方法。
特征是结点小，不易解开。

难易度：★★☆☆☆
需要绳子长度（一个结）：40cm×1
主要应用范围：饰品等/连续编织，做装饰绳用

在编织绳中心处对折，或者用2根编织绳编织。如图所示，A从B的正面穿过。

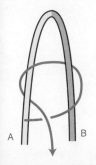

2 如图所示，将B从A的背面穿过。

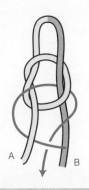

3 将B圈结点（★）从A背面穿过，移动到左边。

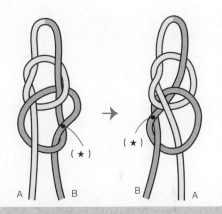

A往右下方向拉紧。

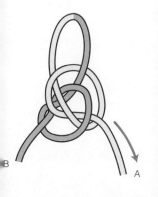

5 B往左下方向拉紧。

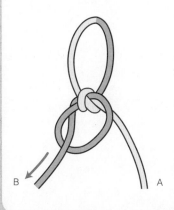

6 纵向死结完成。

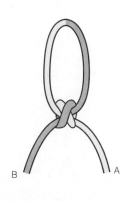

Knot 51 ✳ 死结（横向）

横向的死结。形状与死结（纵向）相同，可以根据上下结的
形状和编织绳外侧的情况，灵活使用两种方向的死结。

难易度：★★☆☆☆
绳子需要长度（一个结）：40cm×1
必要的工具：流苏针
主要应用范围：饰品等/连续编织死结，可以做装饰绳

1 在编织绳中心处对折，或者用2根编织绳编织。在喜欢的位置用流苏针固定做记号，将B从前往后绕成环。

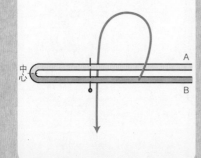

2 B从前面的环穿过做环。

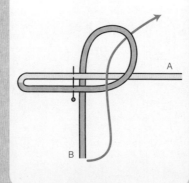

3 如箭头所示，拉紧B，将环（★）勒紧。取下流苏针。

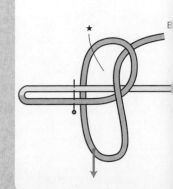

4 往右上方向拉紧B，将环缩小。

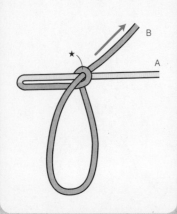

5 A从前面绕到后面，与B一样，做一个较大的环。

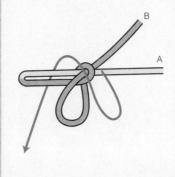

6 A从左到右穿过上面做的两个

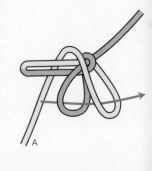

往右上方拉 B，勒紧 B 所形成的环。

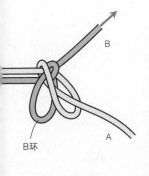

B环

8 按照①~③的顺序拉紧 A 环。

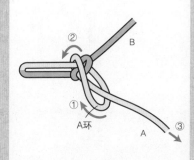

A环

9 将结整理成 × 形状，并拉紧编织绳。

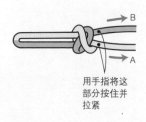

用手指将这部分按住并拉紧

死结（横向）完成。

结的应用

死结（纵向）

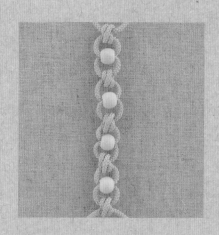

编 1 次死结（纵向）就将 1 颗串珠穿进编织绳里，交替反复编织。

死结（横向）

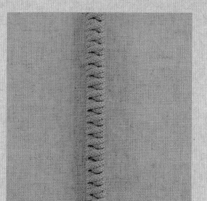

连续编织死结（横向），就能编织出较粗的装饰绳。

Knot 52 ＊ 球形结（1线）

用1根编织绳就可以完成。根据作品和前后结的情况，也可以灵活使
用1线球形结与2线球形结。

难易度：★★☆☆☆
绳子需要长度：30cm×1
主要应用范围：编织装饰性绳结

1 如图所示，做环。

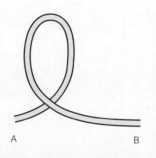

2 用B再做一个大小与1相同
的环。

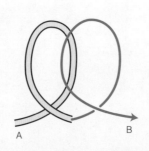

3 将B按照前、后、前、后
顺序穿过1、2所形成的两
环里面。

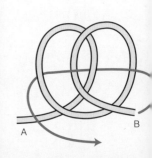

4 接下来如图所示，将B按顺
序依次穿过如下位置，最后
B会回到前面。

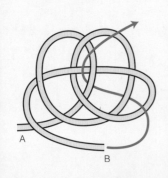

5 拉编织绳的两端，整理形状。
编织绳松了的地方按照顺序
依次拉紧。

结的应用

球形结与串珠的交替使用。
球形结既可以起到阻挡串珠掉落
作用，也可以作为装饰。球形结
用于手链和项链等饰品当中。

Knot 53 ✳ 球形结（2线）

用2根编织绳可以完成。

难易度：★★☆☆☆
绳子需要长度：30cm × 1
主要应用范围：编织装饰性绳结时/中式纽扣等

在中央处将编织绳对折，或
者用2根编织绳编织。首先，
用B做环。

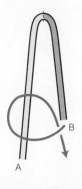

2　A从环的下方穿过，来到B
绳的上方。

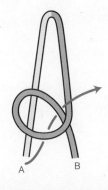

3　如图所示，将A按照后、
前、后、前的顺序穿过环。

如箭头所示那样拉编织绳，尽
量使2个环大小相同。

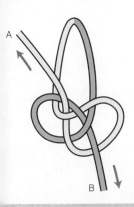

5　A绳和B绳穿过环（★）里。

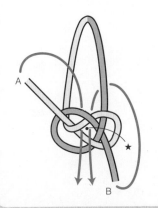

6　上下拉紧，为了让绳结呈球
状，要按照顺序拉紧编织绳。

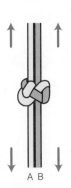

释迦球结

Knot 54 ＊ 释迦结·释迦球结

把释迦结拉紧并整理好，就变成了释迦球结。
由于结的形状很像释迦牟尼的螺髻、所以得名释迦结。

难易度：★★☆☆☆
绳子需要长度：40cm×1
主要应用范围：装饰/编织装饰性绳结时使用

1 将编织绳对折。

2 用 A 绳做环。

3 A 穿过环的后面。

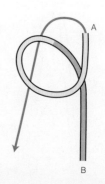

4 如图所示，将 B 按照后、前、后、前的顺序穿过环里。

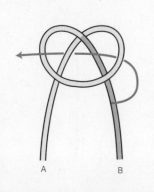

5 如箭头所示，将 B 穿过环里。

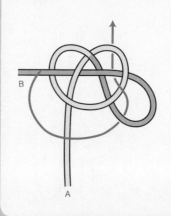

6 拉编织绳，让 4 个环的大小基本保持相同。松的地方按照顺序拉编织绳进行调节。

释迦结完成。

8 将编织绳的两端往下折，如图所示。

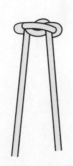

9 为了让绳结整体变圆，可以稍微偏移一点拉紧编织绳。

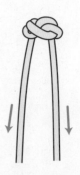

释迦球结完成。

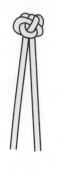

改变编织绳的材质

用皮革平绳编织释迦球结，编出的扣子十分自然。

结的应用

将编织绳再环绕编织1圈，就会成为双重释迦结。

编织双重释迦结的时候

如箭头所示，编织绳沿着第一圈编织的方向穿过。

双钱结

双钱环

Knot 55 ✳ 双钱结·双钱环(纽扣玡

由于双钱结与鲍鱼的形状十分类似, 所以双钱结别名
鱼结"。将双钱结收紧变成球形, 就成为了双钱环。

难易度: ★★☆☆☆
绳子需要长度: 双钱结/30cm×1
　　　　　　　双钱环/65cm×1
主要应用范围: 装饰/礼金袋上的花纸绳/纽扣等

1　双钱结编织时在编织绳中心
　对折, 双钱环编织时对折后
　A端要比B端长50cm。用B
　做环。

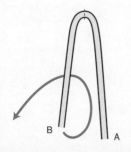

2　将A放在环上, 做第2个环。

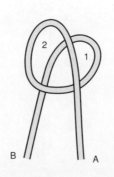

3　如箭头所示, A从B的下
　穿过2环相交的部分, 做第
　个环。

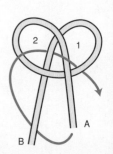

4　双钱结完成。

5　如箭头所示, 右边的编织
　绳穿过3环相交的部分,
　做第4个环。

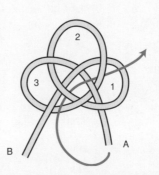

6　如箭头所示, 沿着环的内
　将编织绳穿过去。

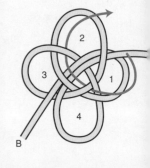

同样，如图中箭头所示，沿着内侧穿过。

8　编织绳穿过最后的环，将编织绳藏进绳结里侧。

9　编织绳按顺时针方向穿过，拉紧。

收紧编织绳，尽量让绳结变成球形。此时，可以将食指放入圈中定型。

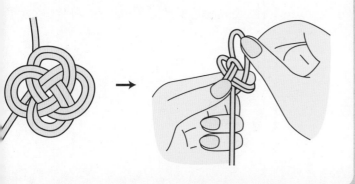

11　收紧编织绳，这样双钱环就完成了。

纵向连续编织双钱结，可以编织成具有装饰作用的编织绳。

横向连续编织双钱结，可以做项链或者手链。

A　　　B

A是用皮革平绳编织而成的双钱环，B是用皮革圆绳编织而成的双钱环。用黏合剂固定绳子两端然后将多余的部分剪去，可以编织成纽扣。

Knot 56 ＊ 木瓜结

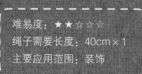

现在普遍认为木瓜结像木瓜花，其实木瓜结原本指的是木瓜家徽，代表地上的鸟巢和鸟蛋，象征子孙满堂。

难易度：★★☆☆☆
绳子需要长度：40cm×1
主要应用范围：装饰

1 用 B 做环。

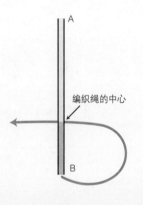

编织绳的中心

2 做第 2 个环。

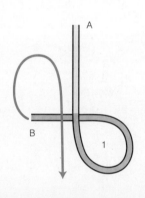

3 做第 3 个环。

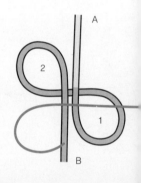

4 用 A 做第 4 个环。

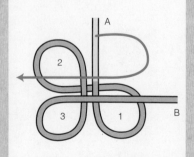

5 A、B 分别从环的前面穿到后面。

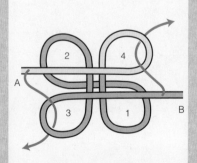

6 图为绳子穿过环时的状态。

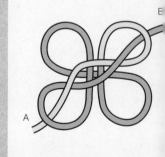

将绳结翻过来，左右对调。
A与B交叉收紧。

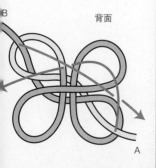

B　　　　背面

A

8　图为收紧后的状态。

背面

9　将绳结翻回来，回到正面，整
　理形状，木瓜结完成。

Knot 57 ＊ 十字结

绳结表面看上去像口字形，从里面看呈十字形，口+
十＝叶，所以又称为叶结。十字结常用于仪式或护身
符等饰品当中，带有心想事成的寓意。

难易度：★★☆☆☆
绳子需要长度：40cm×1 或者是40cm×1
主要应用范围：护身符等

在中心处将编织绳对
齐，或者用2根编织
绳如图所示交叉。按
照图中箭头所示，B
从A的下方穿过。

B

2　如箭头所示，将A
　穿过2个圈。

B

A

3　上下拉紧编织绳，
　整理绳结的形状。

A　　　　B

4　十字结完成。

Knot 58 ＊ 双十字结（护身符结）

双十字结用于护身符等饰品当中，寓意吉祥。与十字结相比，装饰性更强。

难易度：★★★☆☆
绳子需要长度：70cm×1或者35cm×2
主要应用范围：护身符等装饰品

1 在编织绳中心处将绳子对折，或者用2根编织绳编织。

中心

A B

2 把编织绳并拢，如图所示，往左做环。

任意位置
（★）

与（★）
长度相同

A B

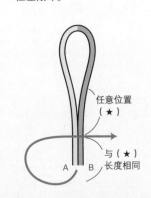

3 把环按照图中横线所画的位置，往上折。

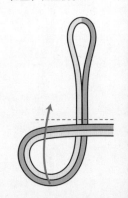

4 编织绳往后折，从后面穿过回到前面。

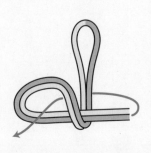

5 编织绳往右折。

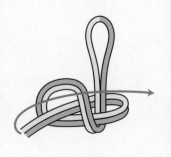

6 在右边做环，如箭头所示，编织绳穿过之后，只有B线如图中所画的那样穿到绳结的后面。

A

B

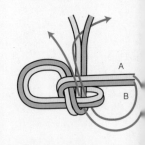

图为编织绳穿过后的情况。将绳结翻过来，左右对调。

8 如图所示，翻过来后，A、B分别穿过中间的环。

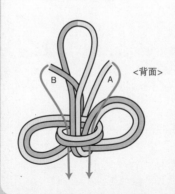

\<背面\>

9 将左右圈往外拉，收紧中间部分，然后翻回正面。

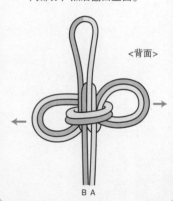

\<背面\>

B A

为了不让中心部分的形状走样，要十分小心地按照顺序将编织绳收紧，整理到左右圈大小基本一致，双十字结完成。

结的应用

双十字结经常被用于护身符。可以在手工护身符上编织双十字结进行装

将编好的双十字结系到护身符上的时候，要做一个小小的圈。

这2根编织绳都穿进护身符的小孔里。

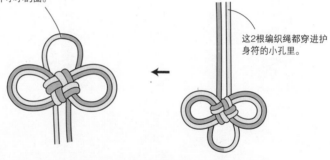

Knot 59 ＊ 8字结（横向）

将1根编织绳编成8字形的编织方法。8字结的特点：花纹纤细，像叶子一样。

难易度：★★☆☆☆
绳子需要长度：40cm×1（1个8字结的长度约为2~3cm）
主要应用范围：装饰/编织绳结时

1 在编织绳的中心位置做环。
B 穿到环里。

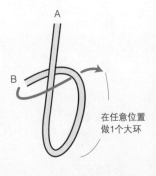

A

B

在任意位置
做1个大环

2 B 像写8字一样从左到右穿
过，完成第1次缠绕。

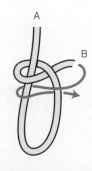

A

B

3 重复2的步骤，缠绕次数依作
品需要而定。

1次

4 一边调整8字形当中松散的地
方，一边拉紧编织绳，将绳结
整理成椭圆形。

5 8字结完成。

8字结与串环交替编织。纤细
字结十分适合做饰品的装饰。

Knot 60 * 麦穗结

特点：绳结像麦穗一样纵向联结。

也可以称为"单线三股编""物字结"。

难易度：★★☆☆☆

绳子需要长度（成品15cm）：70cm×1

主要应用范围：饰品/装饰绳

做1个环，长度大小任意。

2 将环往左边扭。

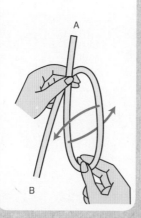

3 把B穿过环里。

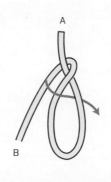

4 把环往右边扭。

B穿过环里。按照环的大小，重复进行步骤2~5的操作。

6 最后将B穿到环里。

7 向下拉紧B，整理形状，麦穗结完成。

改变编织绳的材质

麦穗结也可以用平绳来编织。

Knot 61 * 发饰结

可以用作发饰。绳结呈椭圆形。

难易度：★★★☆☆
绳子需要长度：50cm×1（发饰结长3.5cm）
主要应用范围：装饰/簪子等

1 将编织绳对折，A、B两端往
上折。

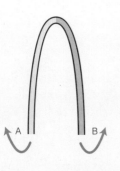

2 把A和B交叉。

长度为发饰
结的1.5倍

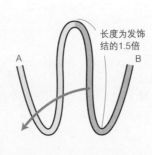

3 如箭头所示放置B，穿过A

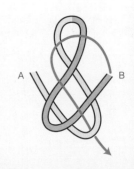

4 如箭头所示，A按照前、后、前、
后的顺序穿过线环。

5 A再按照前、后、前、后的顺
序穿过环。

6 拉紧编织绳，整理形状，发
结完成。

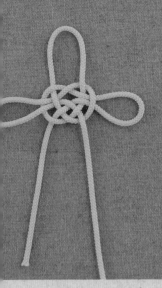

Knot 62 ✳ 万字结

万字结原先用作花环，装饰在寺院器具前面。与佛教一同传入日本，寓意着依靠佛教的力量将众生导向幸福之路。

难易度：★★☆☆☆
绳子需要长度：70cm×1
主要应用范围：装饰

1 在编织绳中心处做环，编织绳两侧也做环。

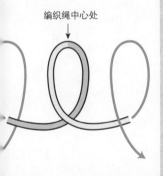

编织绳中心处

2 将左右环交叉放中央的环里。

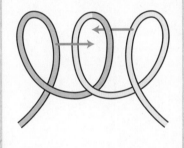

3 如箭头所示，将中间的2个环重叠。此时，将右边的环放在正面。

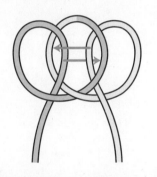

4 如箭头所示，将重叠的环分别往左右方向拉。

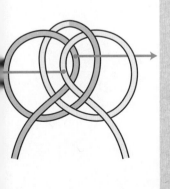

5 整理形状，万字结完成。

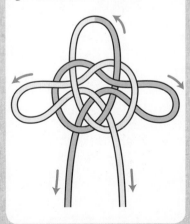

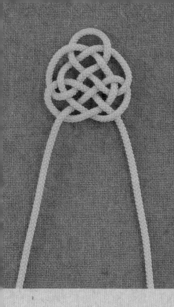

Knot 63 ✳ 龟背结

因为形状与龟背相似而得名，有恭贺吉祥的寓意。

难易度：★★★☆☆
绳子需要长度：50cm×1
需要工具：软木板，流苏针
主要应用范围：装饰/球形装饰物

1 将编织绳对折，用A做环。

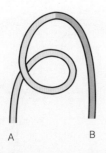

2 将B放在A环上。

3 将B如箭头所示的那样穿过A环。

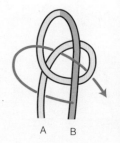

4 双钱结完成。

5 将A往后放，B往前放，用流苏针固定。

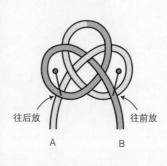

6 将A、B交叉。

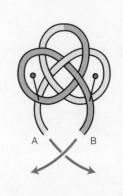

把A如箭头所示穿到环里，取下右侧的流苏针。

8 把B如箭头所示穿到环里，取下左侧的流苏针。

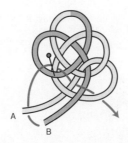

9 收紧编织绳，整理形状，龟背结完成。

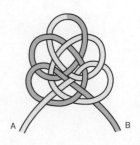

编织双重龟背结

第2根编织绳沿着第1根编织绳穿过绳结进行编织，3根编织绳以下都可以采取同样的编织方法。

第2根编织绳沿着第1根编织绳穿过绳结，编织了双重龟背结之后，可以放入串珠并将编织绳拉紧，让绳结呈球形。

第2根和第3根编织绳沿着第1根编织绳穿过绳结，编织的绳结就成了三重龟背结。如果在绳结里面放入铃铛，绳结就成了可爱的铃铛饰品了。

结的应用

运用龟背结的编织方法，可以编织乌龟形状的饰品。如果编织双重龟背结，绳结自然就会呈现类似龟甲的圆形形状。

背面　　　　　释迦结

用线来收尾

释迦结

在编织绳的中心编织释迦结(参照P90)，再编织一个龟背结。如图，A沿着B的内侧穿过绳结，最后穿过★环。B也沿着A的外侧穿过绳结，同样在最后穿过★环。如照片所示，背后编出脚和尾巴的形状，然后用线来收尾。

Knot 64 ＊ 网眼结（10）

因为绳结形状与网眼相似而得名。根据编织绳交叉的次数，
可以将网眼结分为和10次交叉网眼结和15次交叉网眼结

难易度：★★☆☆☆
绳子必要长度：40cm×1
主要应用范围：环状装饰品/饰品等

1 编织绳中心做环。

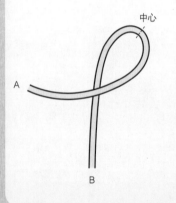

2 如箭头所示，将A放在环的
上方。

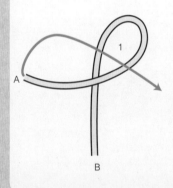

3 完成第2个环。A如箭头所
穿过环。

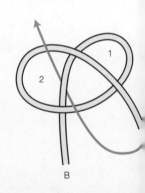

4 完成第3个环。A如箭头所
示穿过环。

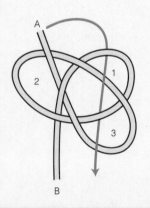

5 完成第4个环。收紧编织绳，
整理形状，网眼结完成。

改变编织绳的材质

如果网眼结中
入简状芯，再
编织绳，绳结
变成立体的环
如果是用平绳编
平绳正面必须
结的外侧。

（旋转90° 看

将简状芯放入★部分，收紧编织绳。

有多条编织绳穿过的情况下

沿着第1根编织绳穿过

第2根、第3根跑马线沿着第1根编织绳穿过,编织成球状,可以作为簪子的装饰物。第1根编织绳要选择较细的绳子,这也是重点之一。

如果在环状双重网眼结上套上细条状的皮革,可爱的流苏饰品就完成了。

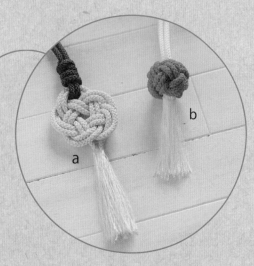

可以作为布袋装饰绳上的装饰。左边是将双重网眼结平放时的情景(a)。右边是收紧绳结后形成的球形绳结(b)。

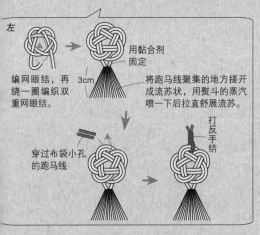

左

编网眼结,再绕一圈编织双重网眼结。

3cm 用黏合剂固定

将跑马线聚集的地方搓开成流苏状,用熨斗的蒸汽喷一下后拉直舒展流苏。

穿过布袋小孔的跑马线

打反手结

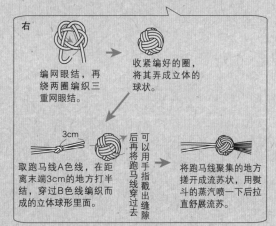

右

编网眼结,再绕两圈编织三重网眼结。

收紧编好的圈,将其弄成立体的球状。

3cm

取跑马线A色线,在距离末端3cm的地方打半结,穿过B色线编织而成的立体球形里面。

可以用手指戳出缝隙后再将跑马线穿过去

将跑马线聚集的地方搓开成流苏状,用熨斗的蒸汽喷一下后拉直舒展流苏。

Knot 65 ✻ 网眼结（15）

与10次交叉网眼结相比，编织绳的交叉次数较多。如用平绳进行双重编织，形状会发生改变，编织者可以结合各种用途进行编织。

难易度：★★★☆☆
绳子需要长度：50cm×1
主要应用范围：用于饰品等

1 A端取5cm长做环。如箭头所示穿过环。

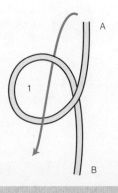

2 完成第2个环。B如箭头所示穿过。

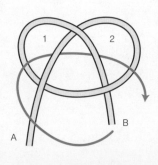

3 完成第3个环，A如箭头所示穿过。

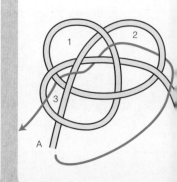

4 完成第4个环，将编织绳拉紧，整理形状，网眼结完成。

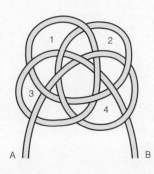

编织双重网眼结的时候　第2根编织绳沿着第1根编织绳穿过。

Knot 66 ✳ 菠萝结

菠萝结呈圆筒状，像菠萝一样。

难易度：★ ★ ★ ☆
绳子需要长度：60cm × 1
需要工具：软木板，流苏针，钳子
主要应用范围：装饰/坠饰等

结的应用

与其他绳结编织方法结合，就能编出坠饰和皮带。

编织绳对折，用A做2个环。	2 如箭头所示，将B穿过A环。

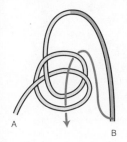

3 如箭头所示，B再次穿过环。	4 如箭头所示，B再次穿过步骤3所形成的环里。

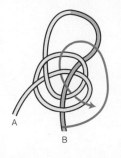

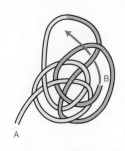

接下来，如箭头所示，B穿过中心的环里。	6 如箭头所示，A穿过中心的环里。

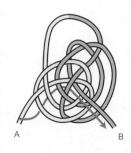

7 整理编织绳上松动的地方，收紧。★部分要在绳结的正面，整理形状。	8 将绳结整理成圆筒状，收紧。菠萝结完成。

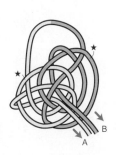

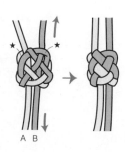

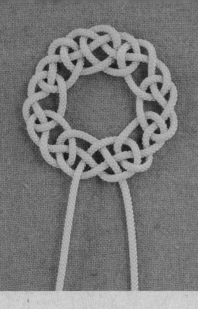

Knot 67 * 袈裟结

将1根编织绳编织成圈状。
用于装饰僧侣的袈裟、属于传统结绳方法。

难易度：★★★★☆
绳子需要长度：120cm×1
需要工具：流苏针
主要应用范围：装饰/垫子/茶盘、水壶的垫盘等

1 在编织绳中心做环，B穿过环的背面。

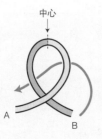

2 将A如箭头所示穿过环。

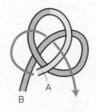

3 A、B分别如箭头所示穿过

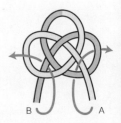

4 B放在环的背面，A放在环的正面。

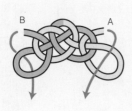

5 A、B如箭头所示穿过。

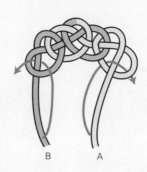

6 B放在环的背面，A放在环的正面。

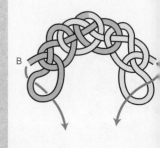

再次重复5、6的步骤，用流苏针在空隙处进行固定，将左右绳子交叉。

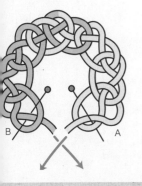

8 B如箭头所示穿过。

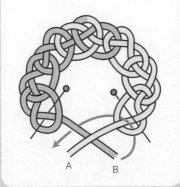

9 A如箭头所示穿过。

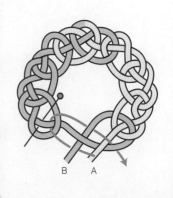

整理编织绳，将绳子向下拉紧。

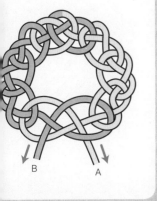

11 整理形状，袈裟结完成。

结的应用

把另1根编织绳沿着第1根编织绳穿过，编织双重袈裟结。

灵活运用袈裟结的编织方法，可以编成天然茶杯垫，用麻绳进行双重编织，最后用串珠收尾，茶杯垫就做好了。

Knot 68 ✽ 垫子结

垫子结的起源是水手用绳索编织的简单垫子。将长长的绳子上下编织，整理形状。

难易度：★★★☆☆
绳子需要长度：140cm×1
需要工具：软木板，流苏针，钳子
主要应用范围：茶杯垫、地毯、草席等

---

1 在对角线的任意位置上（★）用B做环，然后用流苏针固定。

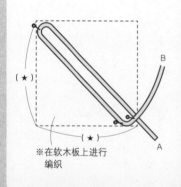

※在软木板上进行编织

2 用B做环（①），从下往上穿过步骤1所形成的圈。

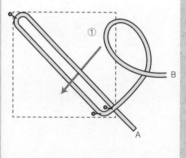

3 将圈（①）扩大，整理形状。

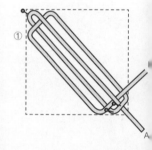

4 接下来用B做环（②），与步骤2、3一样穿过圈里面。

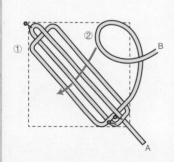

5 将圈（②）扩大，整理形状。如果编织绳很难穿过可以使用钳子。

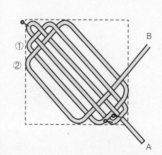

6 接下来用B做环（③），与步骤4、5一样穿过圈里面，将圈扩大，整理形状。反复操作，直至达到需要的次数。

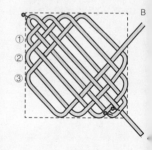

编织到第4次的时候，绳子已经穿过环里后，B 的末端如箭头所示穿过。

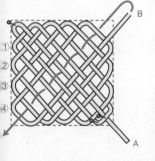

8　收紧编织绳，整理形状。

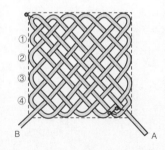

9　取下流苏针。

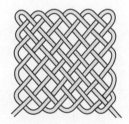

编织绳两端的处理方法

背面

正面

编织绳重叠的背面用黏合剂固定

掉多余的部分

将绳结翻转过来剪

将多余的部分剪掉

用黏合剂固定

结的应用

用 2 根编织绳进行编织，就可以编出茶杯垫。一边的绳子末端用黏合剂固定后剪去多余的部分（参考左图），另一边可以编球形结（2线）后再打个半结收尾。

编织双重垫子结

步骤 8 完成之后，第 2 根编织绳沿着 A 的外侧穿过。可以使用流苏针和钳子来辅助。

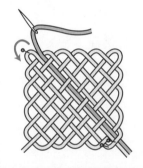

111

Knot 69 * 几帐结

几帐结是一种模仿春天盛开的酢浆草的三叶形状的绳结。用于装饰屏风。

难易度：★★★☆☆
绳子需要长度：40cm×1
主要应用范围：装饰

1 将编织绳对折，A 在距离中心 2~3cm 的地方做环。

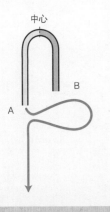

2 图为做完环之后的情景。

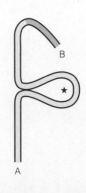

3 A 从环的正面绕到背面，做（以 1 来表示）。

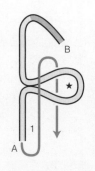

4 收紧编织绳。

5 用 B 做环，并穿过★环里，做环（以 2 来表示）。

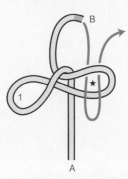

6 图为做完环之后的情景。

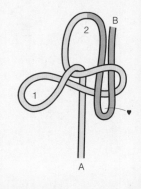

B 从♥环穿过 1 环。

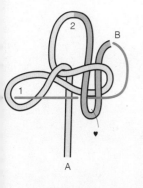

8　图为完成时的情景。

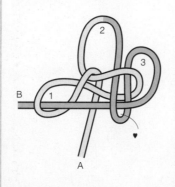

9　B 从 A 的背面再次穿过♥环。

图为穿过时的情景。

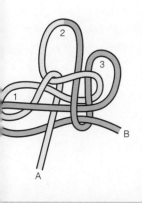

11　按照箭头所示的方向，将编
　　织绳拉紧。

12　为了让三个环的大小基本相
　　同，要按照顺序整理编织绳
　　并收紧，几帐结完成。

结的应用

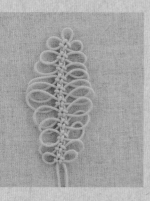

纵向连续编织 11 次
几帐结。每编 1 次就
改变左右圈的大小，
这样可以实现形状上
的变化。

用左右两边的绳子
各自相对编织几帐
结。上下各 3 次，
然后编金刚结。

Knot 70 ＊ 吉祥结

吉祥结是一种先做环、然后折叠编织的绳结。根据编织环的大小不同品所呈现出来的感觉也不同。如果改变编织方向，就可以编织出"结"。这两种结都有平安长寿的寓意。

难易度：★★☆☆☆
绳子需要长度：70cm×1
必要工具：软木板，流苏针
主要应用范围：装饰

1 将编织绳对折。

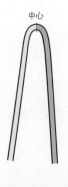

2 做出3个大小基本相同的环，中心部位用流苏针固定。A环往下折压住C环。

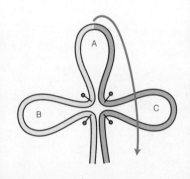

3 C环压住A环，向左折。

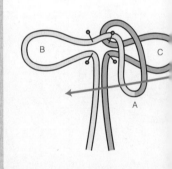

4 把编织绳向上折压住C环和B环。

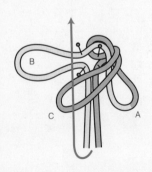

5 B环如箭头所示穿过线环。

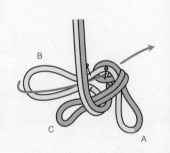

6 拉紧编织绳，取下流苏针。

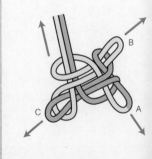

将上方的编织绳向下折压住C环。

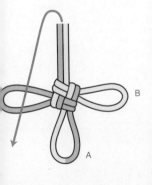

8 C环绕过编织绳末端和A环上方，向右折。

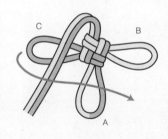

9 A环向上折压住C、B环。

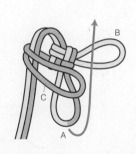

B环从A环上方穿过，如箭头所示。

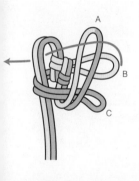

11 拉紧编织绳。

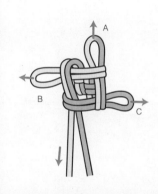

12 拉出中心的小环。

整理环的大小，吉祥结完成。

结的应用

改变编织方向，就会编成"菊花结"，一般情况下将"2~6顺时针转，7~11逆时针转"编织换成"2~6顺时针转，7~11也顺时针转"这样同方向编织，就能编出照片中的绳结。

改变编织绳的材质

使用皮革圆绳。
可以把编织绳的反面当作正面使用。

Knot 71 ✽ 简易梅花结

梅花形状的绳结，与梅花结相比，编织方法比较简单。

难易度：★★☆☆☆
绳子需要长度：60cm×1
必要工具：软木板，流苏针
主要应用范围：装饰

1 如图所示，将编织绳折成 T 字形，拢齐下面的 2 根编织绳并将其折上去。

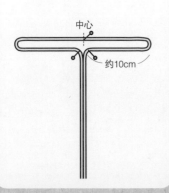

2 右环向左折。

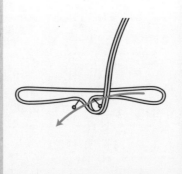

3 左环穿过中间的环，向右折。

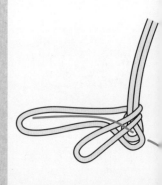

4 把粉色部分的环如图中箭头所示的方向那样拉开。

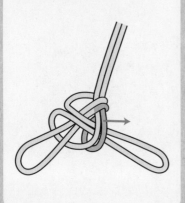

5 把上方的 2 根编织绳往下折。

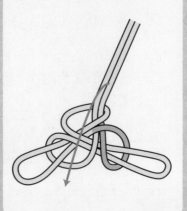

6 左环向右折。

右环如箭头所示穿过绳结。

8　整理绳结的形状。

9　简易梅花结完成。

忘录.

面都可以做绳结的正面。

简易梅花结的变形

改变线环的大小，显现出作品的强
弱，可以将绳结编成蝴蝶形状。

结的应用

用天然皮革绳编织，装饰在布艺
小物件上，可以用作漂亮的卡子。

Knot 72 * 梅花结

形状与梅花相似的绳结。与简易梅花结相比，编织方法较为复杂。

难易度：★★★★☆
绳子需要长度：90cm × 1
需要工具：软木板，流苏针，钳子
主要应用范围：装饰

1 编织绳对折，如图所示，将A绕过B再向上折，在右下方做第2个环。

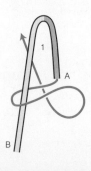

2 A按照箭头所示向下折后又从背后绕回，在下方做第3个环。在绳子交叉的地方，用流苏针固定。

3 将A穿过线环绕回到编织者面前。

4 B按箭头所示方向上折穿过线环。

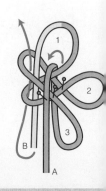

5 B按箭头所示穿过，做第4个环。

6 B按箭头所示穿过，做第5个环。

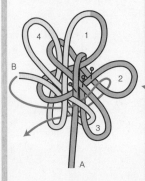

7 取下流苏针，按照箭头所示的方向，收紧编织绳。

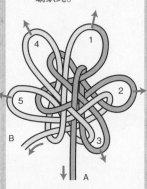

8 按住结点，整理绳结并收紧编织绳，梅结完成。

Knot 73 ✳ 琵琶结

形状独特，与一种野菜——阳藿的形状相似。
用于中式纽扣和饰品等。如果改变编织绳缠绕
的次数，绳结的大小也会随之变化。

难易度：★★★☆☆
绳子需要长度：40cm×1（缠绕3次左右）
主要应用范围：饰品/中式纽扣

改变编织绳的材质

1 使用皮革圆绳（缠绕5次）
2 使用泰国传统丝绸绳（缠绕4次）

1 将编织绳对折，B侧
要比A侧长10cm左
右。用A做环。

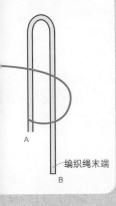

编织绳末端

2 A紧紧缠绕住顶端部
分。

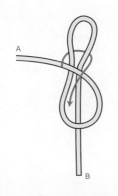

3 沿着步骤1中形成的
环，在内侧做环。

4 中间空隙被添满之前，
重复2~3的步骤。图为
缠绕3圈之后的情况。

5 最后将编织绳穿入中
间的小孔里。

6 用黏合剂固定背面，
剪去多余的编织绳。

<背面>

7 琵琶结完成。

备忘录．

要想编出没有空隙而且漂亮的琵琶
结，如图所示，预先备下纸样，然
后再卷自己想要的次数。沿着纸样
做环。

沿着编织绳
取纸样

最后要空出
供编织绳穿
过的小孔

编织绳

Knot 74 ＊ 猴子拳

这种绳结被称为"猴子的拳头"，是一个球形结。一旦缠绕次数发生改变、球形结的大小也会发生改变。

难易度：★★★★☆
绳子需要长度：120cm×1（缠绕4次）
需要材料，工具：串珠等可作为圆芯绳的材料，流苏针
主要应用范围：饰品/纽扣等

1 将编织绳缠绕在食指和中指上。

编织绳两端

2 编织绳绕4次。

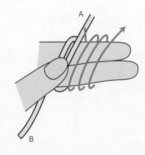

3 A端放在上侧面。

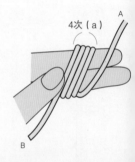

4次（a）

4 用大拇指按住，将绕好的线圈拢齐。

5 用流苏针固定上侧。为了不破坏线圈，将A朝下依箭头方向缠绕。

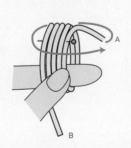

6 图为缠绕了4次的状态。

4次（b）

将手指从绳结中抽出，中间放入串珠作为绳结的圆芯绳。取下流苏针。

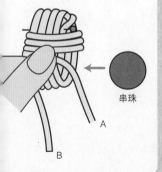

串珠

8 改变 A 绳的方向，绳子末端穿过线圈里面。

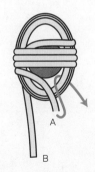

A

B

9 A 朝着图中箭头所示方向缠绕。

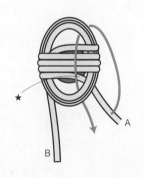

★

A

B

图为缠绕了 4 次的状态。

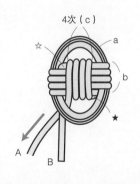

4次（c）

☆

a

b

★

A

B

收紧方法

1 从开始缠绕的时候就按顺序整理并收紧 a 部分。

2 一旦拉出☆角的编织绳，就收紧 b 部分。

3 一旦拉出★角的编织绳，就收紧 c 部分。

※B 端保持不动，一边拉 A 端一边收紧。

※ ☆ ★ 很容易隐藏，所以可以使用小锥子等工具将编织绳拉出来。

11 猴子拳完成。

改变编织绳的材质

如果使用皮革绳，编织出来的作品会显得比较成熟。

结的应用

编织绳中间可以编织猴子拳，再加以串珠点缀，分别在绳子两端打反手结（参照 P22）。

Knot 75 ✲ 国字结

因绳结形状与国字相似而得名，是一个四角形的绳结。

难易度：★★★☆☆
绳子需要长度：50cm×1
主要应用范围：饰品

1 编织绳对折，交叉打结。

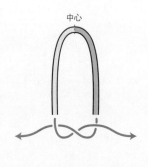

2 依照步骤 1，再次进行交叉打结。

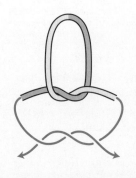

3 保持打出的绳结大小基本同，然后再编织 2 次。

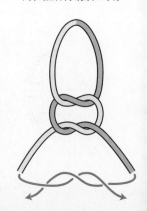

4 把右边的编织绳如箭头所示那样穿过绳结。

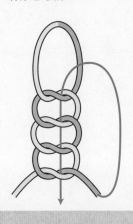

5 把左边的编织绳如箭头所示那样穿过绳结。

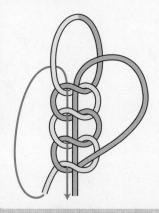

6 将编织绳拢齐，向下拉。

图为拉紧编织绳后的情景。最下边的环分别往左右拉。

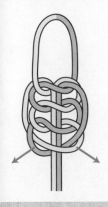

8　右下方的环（A）向左上方折到绳结前面。

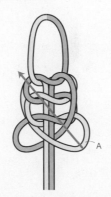

9　左下方的环（B）折到绳结背面。

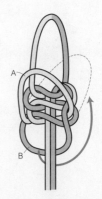

将2根编织绳拢齐，往下拉。

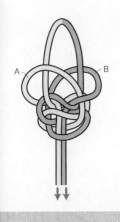

11　同样地，把最下边的环分别往左右拉。

12　与步骤8一样，右下方的环折到绳结前面。

与步骤9一样，左下方的环折到绳结背面。

14　按照顺序整理编织绳，拉紧绳结中松散的地方。

15　整理绳结的形状，国字结完成。

Knot 76 * 总角结（人字形）

总角结古来有之，可以从古代男子的发型"总角"（也称为角发）中考察。祈祷远离不幸和危险的时候会用到"人字形"总角结，用于铠甲等防护工具当中，也用于日本国技馆相扑场屋顶的帷幔。

难易度：★★☆☆☆
绳子需要长度：45cm×1
主要应用范围：装饰

1 将编织绳对折，用 B 做环，如箭头所示穿过线环。

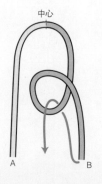

2 A 穿过环。

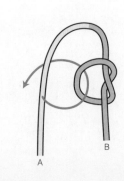

3 如箭头所示，将 A 穿过环整理两个环的大小，使其本一致。

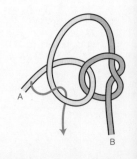

4 交叉的环如箭头所示的那样穿过空隙，分别往左右拉。

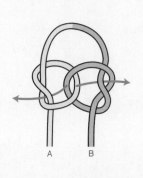

5 分别往左右、上下方向拉紧编织绳，整理绳结的形状。

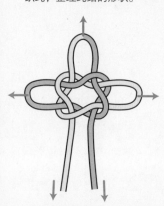

6 总角结（人字形）完成。

Knot 77 * 总角结（入字形）

与总角结（大字形）相对，祈祷福运迭来的时候用的是"入字形"
总角结。用于古代日常用品等众多领域当中。

难易度：★★☆☆☆
绳子需要长度：45cm×1
主要应用范围：饰品

1 编织绳对折，用A做环，如箭
头所示穿过线环。

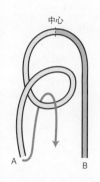

2 B穿过环。

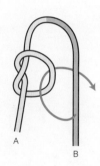

3 如箭头所示，将B穿过环里，
整理两个环的大小，使其基
本一致。

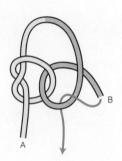

4 交叉的环如箭头所示的那样
穿过空隙，分别往左右拉。

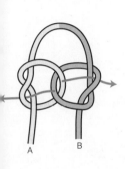

5 分别往左右、上下方向拉紧编
织绳，整理绳结的形状。

6 总角结（入字形）完成。

Knot 78 * 八坂花纹结

八坂花纹结被用于祭祀京都的八坂神社。
绳结特征：拥有像梅花一样美丽的形状。

难易度：★★★★★
绳子需要长度：150cm×1
需要工具：软木板，流苏针，钳子
主要应用范围：饰品

1 在编织绳中心处将绳子对折，拢齐A、B两绳，往斜左上方折，如箭头所示，做环①。

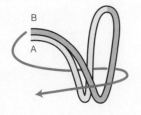

2 把编织绳末端从环①穿过，做环②。用流苏针固定。

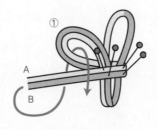

3 编织绳末端从环②穿过，做环③。

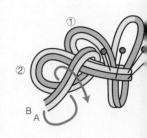

4 编织绳末端从中心的环穿过，再从环③的下方穿过。

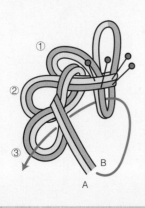

5 将编织绳末端折返，穿过中心的环里面。在右下方形成环④。

6 取下流苏针，将编织绳末端折返，如箭头所示的那样穿过

图为绳子穿过后的情景。形成了环⑤。

8 翻到绳结背面，编织绳有A、B两端。把B如箭头所示的那样穿过。

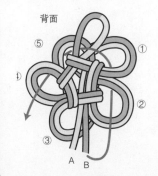

9 B从A的背面穿过，进入B端最开始形成的环里面。

A如箭头所示的那样穿过。方向为B穿过方向的相反方向。

11 A穿过左下方的环里，进入A端最开始形成的环里面。

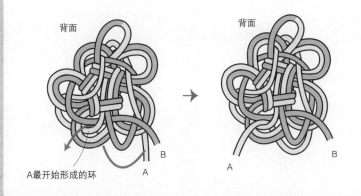

回到正面，按照顺序拉紧编织绳，整理形状，八坂花纹结完成。

Knot 79 ✳ 八重菊花结

八重菊花结寓意延年益寿，是一种十分漂亮的绳结。由于编织完成之后？整理形状，所以要一边预留出编织绳的长度，一边编织。

难易度：★★★★☆
绳子需要长度：120cm×1
需要工具：软木板，流苏针
主要应用范围：饰品/卡子等

1　在编织绳中心处对折，用流苏针固定。

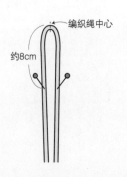

编织绳中心
约8cm

2　用左右两端的编织绳做相同的4个环。这个时候，4个环的长度相同。下方的2根编织绳越过2个环缓慢地往上折。

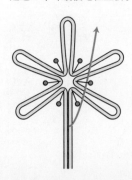

3　右下方的环也一样越过2环往上折。

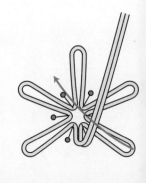

4　按照①、②的顺序依次将环往上折。

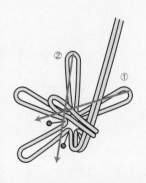

5　接下来把左上方的环也如图所示的那样穿过步骤2所形成的环。

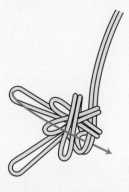

6　如箭头所示，最后的环穿步骤2、3所形成的环里。

取下流苏针，按照箭头所示的方向收紧编织绳。

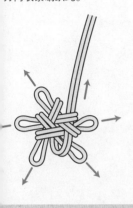

8 编织第二圈。下方的环如箭头所示的那样越过2个环往上折。

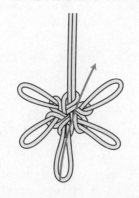

9 按照①、②、③的顺序依次将环往上折。

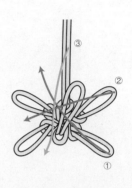

左上方的环如箭头所示的那样穿过步骤8所形成的环里。

11 最后的环如箭头所示的那样穿过步骤8，步骤9-①所形成的环里。

12 按照箭头所示的方向收紧编织绳。

整理形状，八重菊花结完成。

結的应用

如果把两个绳结的一个环各自拉长再打结，八重菊花结就可以当作绳结的卡子来使用。这种方法被运用在和服外褂、风衣和包袋等作品的卡子当中。

Knot 80 ✳ 蝴蝶结

以蝴蝶为主题进行编织的绳结。最适合作为发饰或者是女性服装的装饰。

难易度：★★★★★
绳子需要长度：150cm × 1
需要工具：软木板，流苏针，钳子
主要应用范围：饰品

※ 在软木板上用流苏针固定编织绳，要一边固定一边编织。

1 将编织绳对折，在中心处稍下一点的地方用 A 做环。然后再在之前做环位置稍下一点的地方用 A 做环。

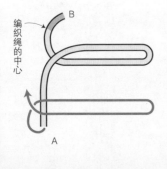

2 A 如箭头所示的那样穿过靠下的环里。

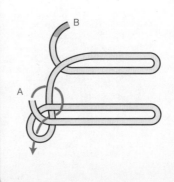

3 把 A 像夹住步骤 1、2 形成 2 个环那样穿过。

4 将 B 对折，如图所示穿过。在右上方做环。

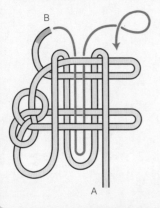

5 如箭头所示的那样，B 先后穿过上侧和下侧的环。

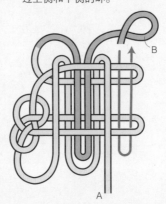

6 如图所示，把 B 穿过右上方的环。

B 如箭头所示的那样穿过绳结。注意不要把上下方向搞混。

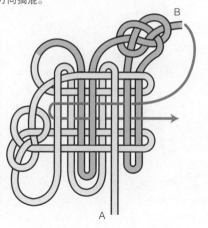

8　B 如箭头所示的那样穿过绳结。

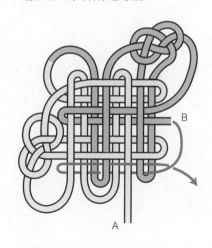

握住周边的耳翼部分，如箭头所示的方向收紧编织绳。绳子松动的部分要按照顺序整理好形状。

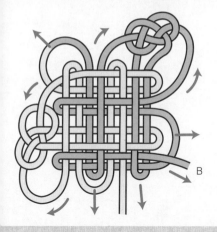

10　蝴蝶结完成。

結的应用

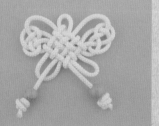

蝴蝶结可以作为垂饰和装饰。编织绳末端穿过串珠然后用秘鲁结（参照P23）来收尾。

Knot 81 ＊ 星辰结

凯尔特传说中凯尔特绳结的一种，将5根编织绳编织成星辰状。

难易度：★★★★★
绳子需要长度：30cm×5
需要工具：钳子，黏合剂
主要应用范围：饰品/纽扣等

1 拢齐5根编织绳，在绳子一端打1个半结，暂时将编织绳捆成一束。

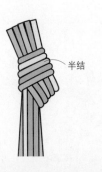

半结

2 如图所示，摊开5根编织绳，用A做环，放置在B的上面。

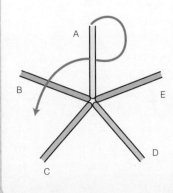

3 用B做环，放置在C的上面

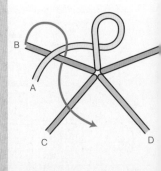

4 同样用C、D、E做环，最后E穿过A圈。

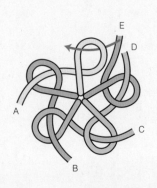

5 接下来，E如箭头所示的那样折过去。

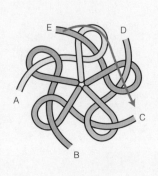

6 D、C、B按照顺序与E一折过去。

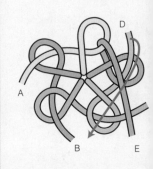

如箭头所示，A穿过E所折成的环。

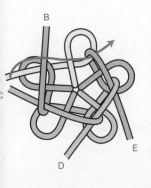

8 如箭头所示，B穿过自己折成的环与外侧的环。

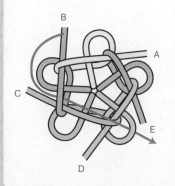

9 C、D、E、A按照顺序与B一样穿过去。

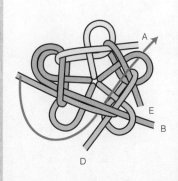

稍微收紧编织绳，整理形状。

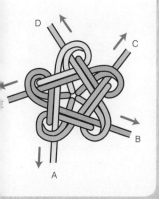

11 将绳结翻过来。C如箭头所示的那样穿过。

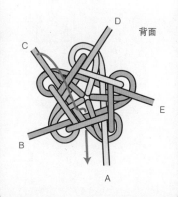

12 B、A、E、D按照顺序与C一样穿过去。

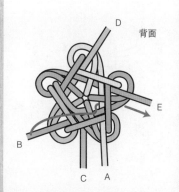

回到绳结的正面。A~E如箭头所示的那样依次往逆时针方向穿。

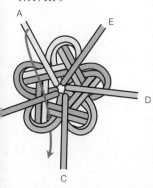

14 图为沿逆时针方向穿完编织绳后的情景。收紧编织绳。

15 解开步骤1所打的半结。用黏合剂固定下面的编织绳（外侧的5根编织绳），然后剪去多余的部分。星辰结完成。

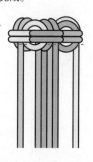

Knot 82 ＊ 菱形结

这种绳结拥有7个耳翼，形状为菱形，编织方法复杂，所以要用流苏针固定编织绳，将整体绳结框架固定在木板上，然后静下心来编织。

难易度：★★★★★
绳子需要长度：150cm×1
需要工具：软木板，流苏针，钳子
主要应用范围：饰品

※ 在软木板上用流苏针固定编织绳，要一边固定一边编织。

1 在编织绳子中央将绳子对折，如箭头所示操作。

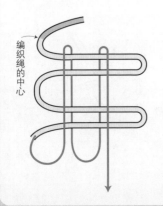

2 剩下的一端也如箭头所示操作。

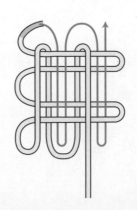

3 如箭头所示方向进行操作。意不要将上下方向搞混。

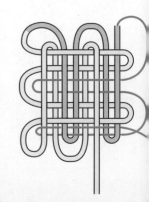

4 握住周边的耳翼部分，依箭头所示的方向收紧编织绳。

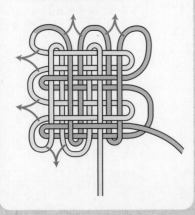

5 绳子松动的部分要按照顺序整理好形状。菱形结完成。

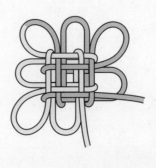

结的应用

图为将耳翼部分调小，纵向续编织时的情景。
如果与其他编织方法相结或者改变耳翼的长度，绳结够有多种表现形式。

Part 3   应用篇

如果你已经掌握了part1、part2所介绍的各种编织方法，接下来我们就来学习一下这些编织方法的应用吧！这部分介绍了将几种编织方法融合在一起的作品与日常生活中的一些应用例子。我们能够从单个绳结的编织中获得乐趣，如果将这些绳结组合起来，灵活运用到编织项目当中，这些乐趣会无限扩大。绳结的组合和活用方法有很多种，大家可以从中享受到编织无限可能性的乐趣。

综合类型
的绳结

这里介绍使用多种绳结编织作品的设计方案。

伴随着绳结组合的随意性，编织方案也具有无限可能性。

有一些难度较高的设计，可以让我们静下心来进行编织练习。

大家可以找到自己喜欢的设计方案，把上面所教的绳结方法运用到手链和皮带等

饰物当中。

插图中编织绳的尺寸都是编15cm成品所需要的长度，使用的是麻绳。

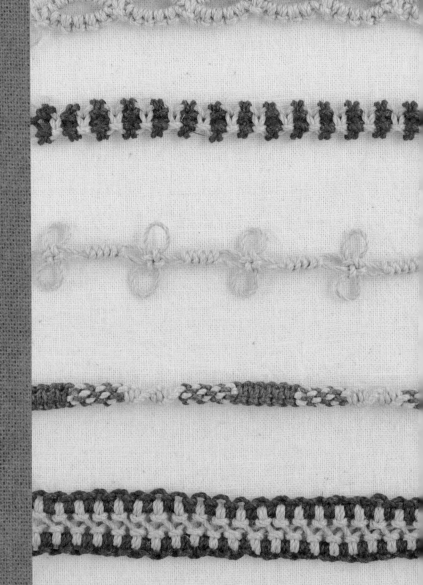

pattern * a

pattern * b

pattern * c

pattern * d

pattern * e

※插图中编织绳的尺寸都是编15cm成品所需要的长度,使用的是麻绳。

Pattern ＊ a

40 40
cm cm
↓↓
120 120
cm cm

左上平结(参照P32)1次
左梭结(参照P59)5次
④左上平结1次

②右梭结(参照P59)5次

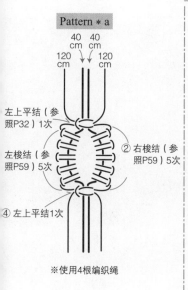

※使用4根编织绳

Pattern ＊ b

A A
60 60
B cm cm B
50 50
cm ↓↓ cm

②右梭结(参照P59)1次
左上平结(参照P32)1次

①左梭结(参照P59)1次

※使用编织绳A2根,B2根。

Pattern ＊ c

金刚结(参照P84)5次
约1cm
几帐结(参照P112)1次

※使用2根编织绳

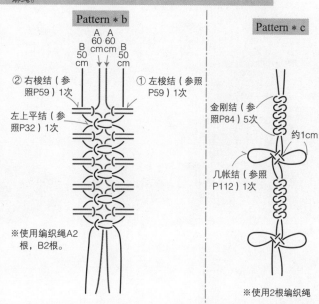

Pattern ＊ d

※使用编织绳A2根,B2根。

B B
75 75
A cm cm A
75 75
cm ↓↓ cm

①以编织绳B为芯绳,编5次左上平结(参照P32)

②编10次十字结(圆柱状)(参照P66)

③以编织绳A为芯绳编10次左扭结(参照P48)

④编10次十字结(圆柱状)

~④十字结编织绳的放置位置

编织绳A
编织绳B
编织绳B
编织绳A

Pattern ＊ e

B B
100 100
A cm cm A
100 35 35 100
cm cm cm cm
↓↓

②左梭结(参照P59)1次
④右梭结1次
⑥左梭结1次
⑦B绳右侧的编织绳往上折,并使两绳交叉
⑨右梭结1次

①右梭结(参照P59)1次
③左梭结1次
⑤右梭结1次
⑧左梭结1次

※使用编织绳A2根,B4根。

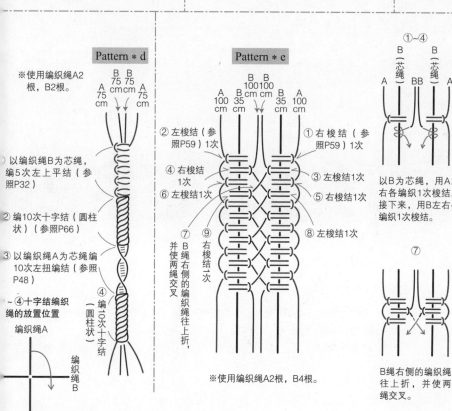

①~④
B B
(芯绳) (芯绳)
A B B A

⑤⑥

以B为芯绳,用A左右各编织1次梭结。接下来,用B左右各编织1次梭结。

以B为芯绳,用A左右各编织1次梭结。

⑦

⑧⑨

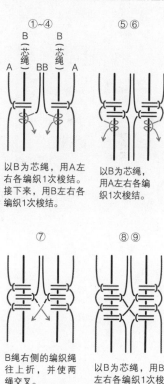

B绳右侧的编织绳往上折,并使两绳交叉。

以B为芯绳,用B左右各编织1次梭结。
重复⑤~⑨的步骤

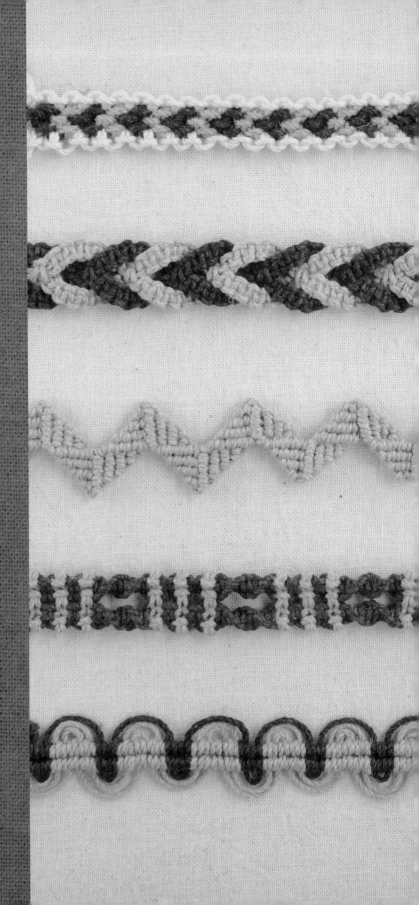

pattern * f

pattern * g

pattern * h

pattern * i

pattern * j

Pattern * f

90cm

C B A A B C

① 编织1次右梭结（参照P59）

用编织绳A2根，B2根，...2根。

...方式

...A和方案B重叠起来，上侧的圈按照...入下侧的圈里面（☆）。

...入圈里的时候，上下侧的绳都会...换，所以每次都要把上侧的圈叠套...的圈里面。

Pattern * g

方案A
编织绳A

90 30 90 30 90
cm cm cm cm cm

方案B
编织绳B

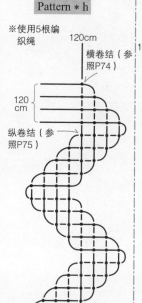

① 用4根芯绳编织1次左上平结（参照P32）

② 用1根芯绳编织6次左上平结

③ 用1根芯绳编织6次左上平结

④ 用4根芯绳编织1次左上平结

与方案A的编织方法相同，至少要编织出1个圈。

※使用了编织绳A6根，B6根。

※插图中编织绳的尺寸都是编15cm成品所需要的长度，使用的是麻绳。

Pattern * h

※使用5根编织绳

120cm

横卷结（参照P74）

120cm

纵卷结（参照P75）

Pattern * j

B B
A 100cm 35cm
100cm

纵卷结（参照P75）

※使用编织绳A1根，B4根。

---

①～③

A B A B A

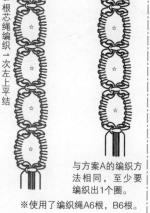

以B为芯绳，用A在右侧编...扭编结，左侧编织左...编结，两侧各10次。然...以中间的A为芯绳，用...间的2根B绳编织1次...平结。

④⑤

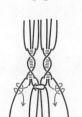

以左右的1根A绳为芯绳，用左右两侧的B在右侧编织1次左梭结，左侧编织1次左梭结。这样就完成了第一节。

⑥⑦

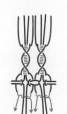

左右分开4根编织绳，以2根B绳为芯绳，在左右侧各编织1次左上平结。

⑧

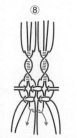

中间的2根A绳为芯绳，中间的2根B绳编织1次上平结。交替编织平结梭结各5次。

⑨⑩

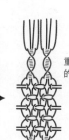

左右分开各4根编织绳，以2根B绳为芯绳，用A在右侧编织右扭编结，在左侧编织左扭编结，左右两侧各编10次。

重复①～⑧的步骤

Pattern * i

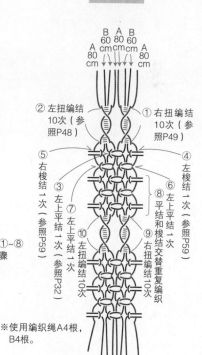

B A B
60 80 60
A cm cm cm A
80 80
cm cm

① 右扭编结10次（参照P49）

② 左扭编结10次（参照P48）

④ 左梭结1次（参照P59）

③ 左梭结1次（参照P59）

⑥ 左上平结1次

⑤ 左上平结1次（参照P32）

⑧ 左上平结1次

⑦ 左上平结1次

⑩ 左扭编结10次

⑨ 右扭编结10次

左梭结和梭结交替重复编织

※使用编织绳A4根，B4根。

139

pattern * k

pattern * l

pattern * m

pattern * n

pattern * o

※插图中编织绳的尺寸都是编15cm成品所需要的长度，使用的是麻绳。

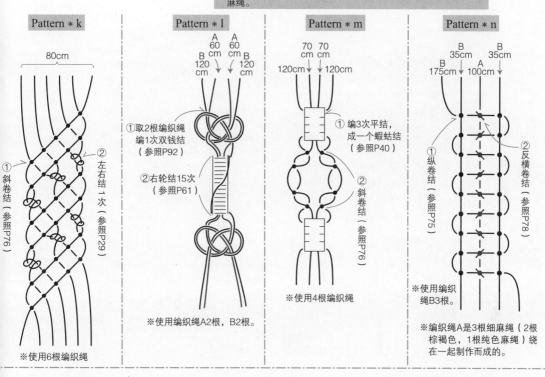

Pattern * k

80cm

① 斜卷结（参照P76）

② 左右结1次（参照P29）

※使用6根编织绳

Pattern * l

A 60cm A 60cm
B 120cm B 120cm

①取2根编织绳编1次双钱结（参照P92）

②右轮结15次（参照P61）

※使用编织绳A2根，B2根。

Pattern * m

70cm 70cm
120cm 120cm

①编3次平结，成一个蝦蛄结（参照P40）

②斜卷结（参照P76）

※使用4根编织绳

Pattern * n

B 35cm B 35cm
B 175cm A 100cm

①纵卷结（参照P75）

②反横卷结（参照P78）

※使用编织绳B3根。

※编织绳A是3根细麻绳（2根棕褐色，1根纯色麻绳）绕在一起制作而成的。

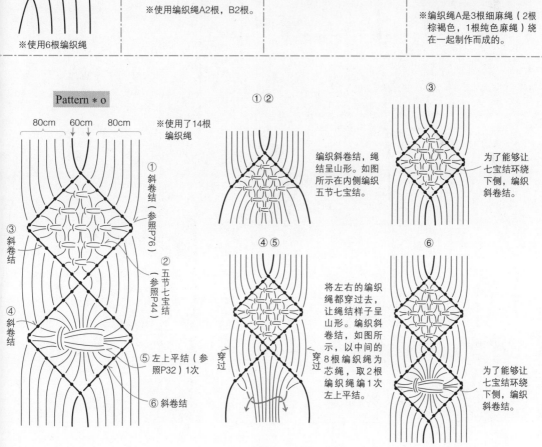

Pattern * o

80cm 60cm 80cm

※使用了14根编织绳

① 斜卷结（参照P76）

② 五节七宝结（参照P44）

③ 斜卷结

④ 斜卷结

⑤ 左上平结（参照P32）1次

⑥ 斜卷结

①②

编织斜卷结，绳结呈山形。如图所示在内侧编织五节七宝结。

③

为了能够让七宝结环绕下侧，编织斜卷结。

④⑤

穿过

穿过

将左右的编织绳都穿过去，让绳结样子呈山形。编织斜卷结，如图所示，以中间的8根编织绳为芯绳，取2根编织绳编1次左上平结。

⑥

为了能够让七宝结环绕下侧，编织斜卷结。

改编作品示例

结绳能够运用到我们日常生活的很多地方。
例如本书中所介绍的饰品、小饰物等。
这里介绍结绳的应用实例。

项链

1. 将几帐结和死结等各种结绳方法综合起来制作的中式风格项链。
制作过程中，要小心认真地编好每一个结。

2. 以扭编结为重点的项链。天然的配色十分适合佩戴。

把4个几帐结组合起来，就变成了 十字形的主题图案。

✳ 编织方法 1……P152
2……P154

142

3

4

手链

编织手链是当之无愧的基本结绳作品。

、4使用了双重扭编结，5、6在平结里面穿进了木质串珠和玉石。

◀ 编织方法 P155

5

6

7

使用与布包同色的麻
绳编织七宝结做提
手。用线缝在布包上
就可以使用了。大家
可以试着用与自己的
包包颜色相配的编织
绳操作一下。

✳ 编织方法 P157

同一款布包，
可以有两种不同
类型的提手。

包的提手

若干条编织绳组合起来编织的提手强度高，最适合用在包包上面。
大家可以结合手工包的颜色、式样做提手。建议大家将市面上买来
的包包提手进行改造，这样就具备了自己的独特风格。

8

用皮革绳编织长长的
六股辫，将其固定在
背包式手提包上，用
同式样的皮革绳编织
成的卡子也会成为手
提包上的亮点。

✳ 编织方法 P158

✻ 编织方法 P156

9

用皮革绳编织立体四股辫做包的提手。如果是提手处有孔的包，如图所示，可将编织绳穿过提手孔，再折返回来，用另外的编织绳固定，这样就能够轻易地实现提手与包的联结。

编织皮带

用白色流苏绳编织出来的田园风格编织皮带。
卷结和七宝结的组合呈现出纤细的花纹图案。

10

✻ 编织方法 P159

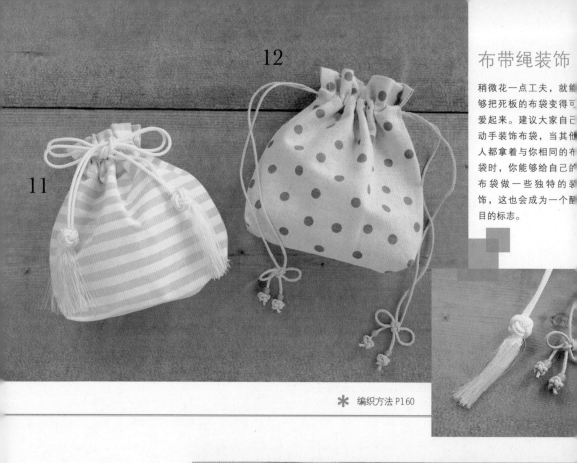

11

12

✳ 编织方法 P160

布带绳装饰

稍微花一点工夫，就能够把死板的布袋变得可爱起来。建议大家自己动手装饰布袋，当其他人都拿着与你相同的布袋时，你能够给自己的布袋做一些独特的装饰，这也会成为一个醒目的标志。

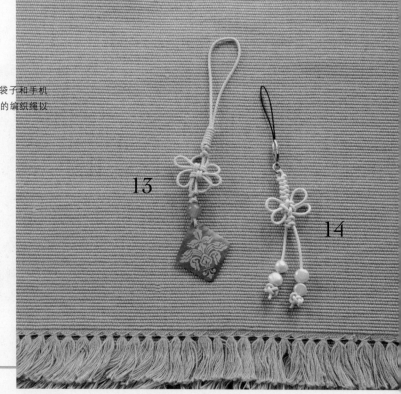

坠饰

用1根编织绳就能够编织的坠饰。
坠饰有很多用途，可以挂在小袋子和手机上。大家可以用自己喜爱的颜色的编织绳以及小零件进行制作。

13

14

✳ 编织方法 13……P160
14……P156

编织方法 15·16……P161
17·18……P162

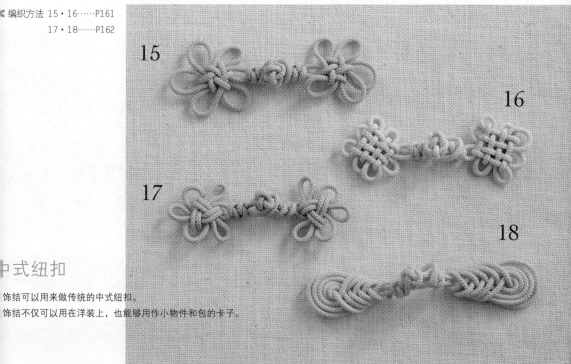

中式纽扣

饰结可以用来做传统的中式纽扣。
饰结不仅可以用在洋装上,也能够用作小物件和包的卡子。

纽扣

19~22是用双钱扣编织而成的纽扣,呈圆形,十分可爱。
23~24是星辰结编织而成的纽扣,形状像花一样。
大家可以用跑马线和皮革线等各种编织绳进行编织,根据编织绳质地
的不同,作品所呈现出的风格也会有所不同。

✳ 编织方法 P163

25

26

27

28

缘饰

如果将绳结编织得很长，就可以做成类似蕾丝和流苏那样的缘饰。根据编织绳的粗细，编织出来的绳结大小也会有所改变，所以要根据编织作品来选择材料。

编织者们可以将这种方法运用到手帕、衣服和室内装饰等作品中。将缘饰缝在作品上的时候，请选用不显眼的纱线。

玉石绳络的各种方案

我们集齐了人气超群的玉石绳络编织。29、30、32这三种基本的玉石绳络模式适用于任何形状的玉石。31的模式适用于框架嵌入模式的凸圆形宝石。

编织者可以将自己喜欢的玉石放入手链和项链里面，带着这样的饰品出门，一定会魅力四射。

29的这种编织设计可以将玉石取出来。这样，编织者就可以随意地更换饰品中的玉石。

29

30

31

32

※ 编织方法 29・30・31……P166
32……P167

玉石绳络的两种基本方案

这里介绍很受欢迎的玉石绳络的技术要点。
大家可以尝试放入自己喜欢的玉石，进行编织。

包裹宝石结 A （基本方案）

放入圆形宝石和任意形状的宝石，不论是什么形状的宝石都能够包裹起来。

1 在中心处将 4 根编织绳拢齐，用透明胶带固定。

2 以中间的 2 根编织绳为芯绳，用左右的 2 根编织绳编织 1 次平结（参照 P32）。

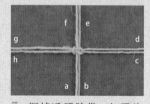

3 撕掉透明胶带，如照片所示的那样摆放好编织绳。用 a~h 命名编织绳的分支。

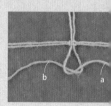

4 用 a、b 编织平结（参照 P23），a、b 如所示的那样进行打结。

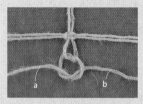

5 如照片所示，再打 1 次结。

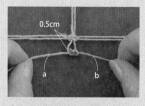

6 a、b 分别往左右拉，这样就完成了 1 次平接结。根据打结间隔的不同，网眼长度也会有所不同。一般的标准是 0.5cm。

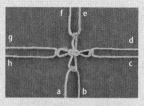

7 按照同样的方法用 c 和 d，e 和 f，g 和 h 编织平接结。这样就完成了第一节。

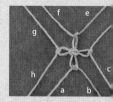

8 如照片所示的那样编织绳，编织第二节。

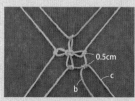

9 第二节的编织组合有所改变，用 b 和 c 编织 1 次平接结。

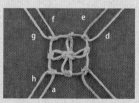

10 按照同样的方法用 d 和 e，f 和 g，h 和 a 编织平接结。这样就完成了第二节。

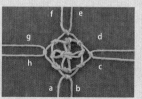

11 第三段也要改变编织组合，然后编织平接结。

12 编织到玉石大概可进去的大小时，就把玉石放其中。沿着按照同样的方法重织平接结。

13 一直编织到编织绳完全覆盖玉石为止，整理形状。

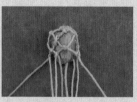

14 如照片所示，以 6 根编织绳为芯绳，用剩下的 2 根编织绳编 1 次平结。

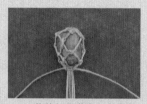

15 将编织绳收紧，拉紧根部，玉石绳络 A 完成。

标准节数

作品 29、30、32 织的都是四节。

绳络 B（框架嵌入结）

适合凸圆形的玉石。

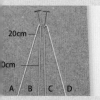

20cm
0cm

A B C D

两根编织绳分别对折，
D 为 20cm，B、C 为
cm，A、D 放在外侧，
流苏针进行固定。
为了便于看懂，我们将这
根绳子换成 2 种不同颜色的
织绳。
这个尺寸是作品 31 的实际
寸。

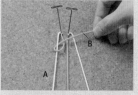

2 以 A 为芯绳，B 为编织
绳，编织 1 次右梭结（参
照 P59）。

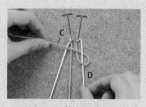

3 以 D 为芯绳，C 为编织
绳，编织 1 次左梭结（参
照 P59）。

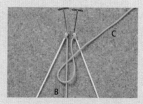

4 接下来用 B、C 编织左右
结（参照 P29）。以 B 为
芯绳，C 从上往下穿过。

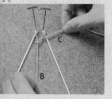

紧编织绳。

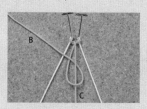

6 以 C 为芯绳，B 从上往
下穿过。

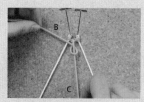

7 拉紧编织绳。这样就完
成了 1 次左右结。

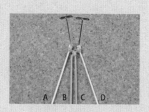

A B C D

8 编织 1 次右梭结，1 次
左梭结，1 次左右结，这
样第一节就完成了。

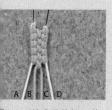

A B C D

复 2~7 的步骤编织五节。

10 一直编到与玉石同等长
度。图中所示的面为正
面（作品 31……7cm 左
右）。

11 从木板上取下绳结，流苏
针穿过最先开始编织的圈
里面，将圈钩大，大小为
1 根编织绳的宽度。

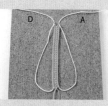

D A

12 包裹玉石时，为了让正
面显露在外侧，将绳结
翻过来，A、D 穿过步骤
11 当中流苏针所钩出来
的圈里。

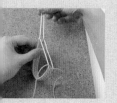

拉紧 A 和 D。

14 将玉石放入内侧，为了
让玉石能够合适地嵌进
绳结里面，要拉紧 A 和 D。

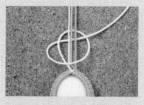

15 当玉石完全嵌进绳结里
面之后，用 1 根编织绳
打反手结（参照 P22）。

16 拉紧编织绳，玉石绳络
结 B 完成。

尺寸：脖围约95cm

✳ 材料

跑马线 1mm 规格
编织绳A　鼠尾草（741）　250cm×1
编织绳B　鼠尾草（741）　250cm×1
翠绿色配饰
莲花形状（AC1103）　1
玉石
圆形6mm　砂金石（AC287）　1

⑤ 玉石的穿过方法

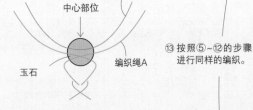

中心部位
编织绳B
编织绳A
玉石

⑫与⑪的死结相联结编织球形结
（1线）的方法

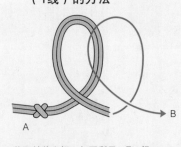

A
B

将死结往左挪，如图所示，取2根
编织绳开始编织球形结。
剪去绳子多余的部分，用黏合剂粘
在编织绳的内侧。

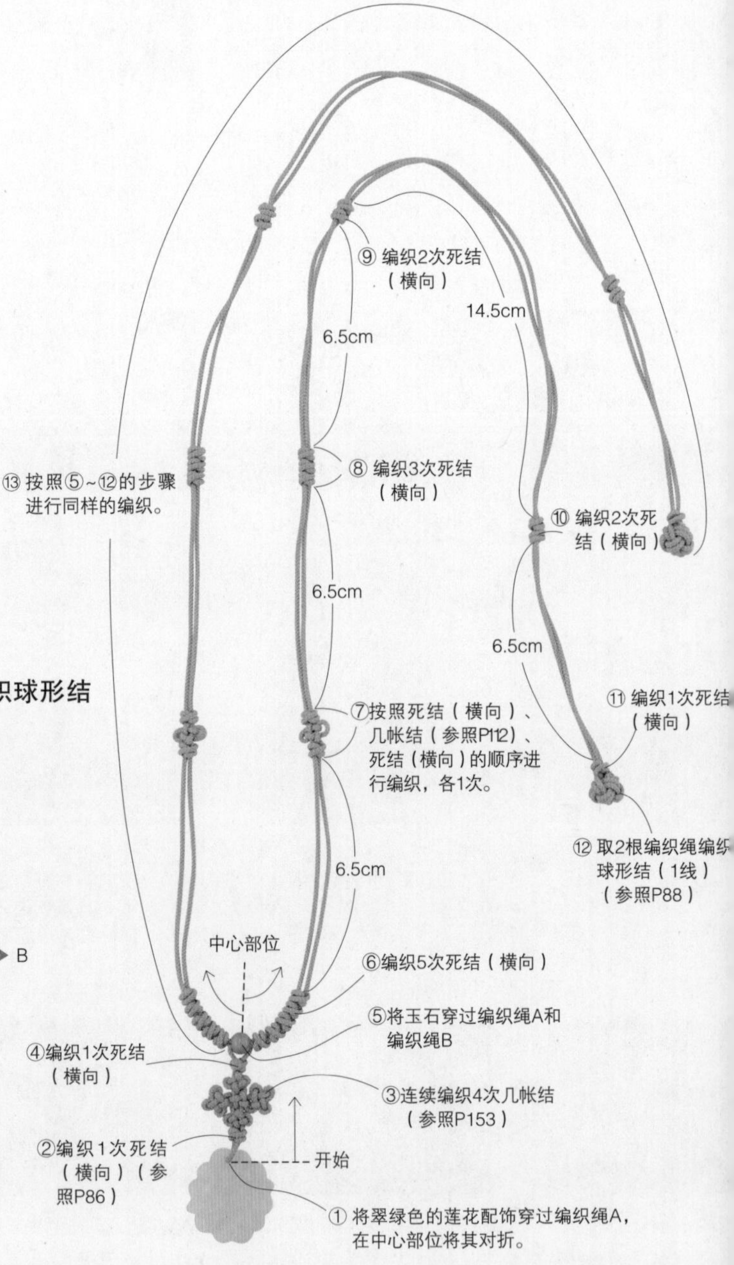

⑨ 编织2次死结
（横向）
14.5cm

6.5cm

⑧ 编织3次死结
（横向）

⑩ 编织2次死结
结（横向）

6.5cm

6.5cm

⑬ 按照⑤~⑫的步骤
进行同样的编织。

⑪ 编织1次死结
（横向）

⑦ 按照死结（横向）、
几帐结（参照P12）、
死结（横向）的顺序进
行编织，各1次。

⑫ 取2根编织绳编织
球形结（1线）
（参照P88）

6.5cm

中心部位

⑥编织5次死结（横向）

⑤ 将玉石穿过编织绳A和
编织绳B

④ 编织1次死结
（横向）

③ 连续编织4次几帐结
（参照P153）

开始

② 编织1次死结
（横向）（参
照P86）

① 将翠绿色的莲花配饰穿过编织绳A，
在中心部位将其对折。

③ 连续编织几帐结的方法

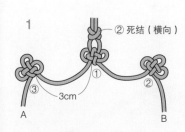

② 死结（横向）

③ 3cm

A B

中间部位的①编的是几帐结（参照P112）。
②的几帐结是用1根编织绳编织的，可以参照
P165。
③将编织绳翻过来与②进行同样的编织。
结与结之间的距离是3cm左右。

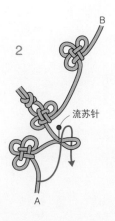

流苏针

将左边结与中间结之间的绳
子对折，用流苏针固定。A绳
绕过这个环。

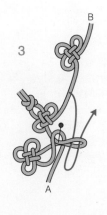

中间结与右边结之间的绳子对
折，穿过步骤2所形成的环里。

A B

如箭头所示，把B绳穿过
每个环里。

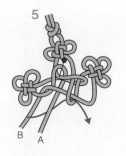

B A

B绳经过A的背面进入右边
的环。

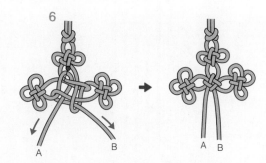

A B → A B

拉紧编织绳，整理中间绳结的形状，取下流苏针。

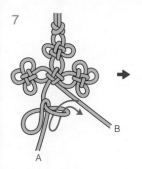

A B → A B

编织最后的几帐结。

A B

拉紧A、B绳。

拉紧编织绳，尽量让之前
编织的4个几帐结为绳结的
中心。

142页 2

尺寸:脖围约76cm

✳材料

细麻线
编织绳A 自然色(321) 120cm×2

中等麻绳
编织绳B 纯色(361) 120cm×4

自然风格配饰
骷髅配饰(AC1286) 1

椰子壳串珠
(MA2224) 1

⑦ 将编织绳穿入椰子壳串珠。

⑧ 打半结(参照P22)

1.5cm

② 排放方法

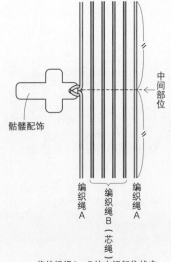

骷髅配饰

编织绳A

编织绳B(芯绳)

编织绳A

中间部位

将编织绳A、B的中间部位拢齐,用编织绳A编织左上扭编结。

⑥按照②~⑤的步骤进行同样的编织

⑤ 立体四股辫(参照P62) 30cm

④编织1次包芯绳4线疙瘩结(参照P7...

中间部位

③ 以2根编织绳A为芯绳,编织2次4线疙瘩结(参照左图),在绳结根部将为芯绳的编织绳A多余的部分剪去。

② 编织绳A与B并列排放(参照左图)用A绳编织左扭编结(参照P48)

③ 包芯绳4线疙瘩结的方法

编织绳A(芯绳)

C

D

B

A

以芯绳为中心,编织疙瘩结(参照P72),将芯绳包起来。

③ 剪去芯绳多余部分的方法

剪去多余部分

编织绳A

在疙瘩结下侧根部将编织绳A多余的部分剪去。

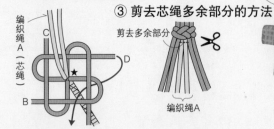

① 将骷髅配饰穿过1根编织绳A,在中心部位将其对折。

① 骷髅配饰的穿过方法

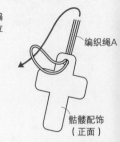

编织绳A

骷髅配饰(正面)

154

尺寸：手链长度约16cm

★3所需材料

中等麻绳

编织绳A　自然色（321）　200cm×1

编织绳B　民族特色扎染（372）　200cm×1

芯绳　自然色（321）　70cm×2

天然木质串珠

圆形12mm　松木（W601）　1

★4所需材料

中等麻绳

编织绳A　纯色（361）　200cm×1

编织绳B　苏木（344）　200cm×1

芯绳　纯色（361）　70cm×2

彩色流苏串珠

2mm　茶色（MA2202）　1

★5所需材料

中等麻绳

编织绳　纯色（361）　200cm×1

芯绳　纯色（361）　70cm×2

彩色流苏串珠

mm　茶色（MA2201）　3

玉石

圆形6mm　天河石（AC382）　2

★6所需材料

中等麻绳

编织绳　洋红染料（335）　200cm×1

芯绳　洋红染料（335）　70cm×2

天然质地串珠

圆形8mm　松木（W591）　3

玉石

圆形6mm　蔷薇石英（AC284）　2

编织绳B的联结方法　③绳子的排放方法
No.3，4　　　　　　No.5，6

中间部位　　三股辫　　芯绳

中间部位　　三股辫　　芯绳　编织绳

※3的编织绳B联结时，
扎染颜色在左右对称

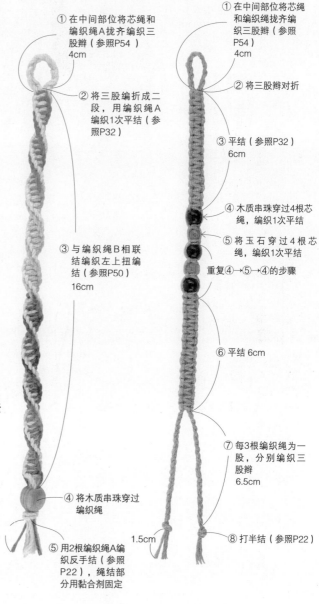

No.3，4

① 在中间部位将芯绳和编织绳A拢齐编织三股辫（参照P54）4cm

② 将三股编折成二段，用编织绳A编织1次平结（参照P32）

③ 与编织绳B相联结编织左上扭结（参照P50）16cm

④ 将木质串珠穿过编织绳

⑤ 用2根编织绳A编织反手结（参照P22），绳结部分用黏合剂固定

No.5，6

① 在中间部位将芯绳和编织绳拢齐编织三股辫（参照P54）4cm

② 将三股辫对折

③ 平结（参照P32）6cm

④ 木质串珠穿过4根芯绳，编织1次平结

⑤ 将玉石穿过4根芯绳，编织1次平结

重复④→⑤→④的步骤

⑥ 平结 6cm

⑦ 每3根编织绳为一股，分别编织三股辫6.5cm

1.5cm

⑧ 打半结（参照P22）

155

145页 9

尺寸：长度约21cm

❋ 材料（双提手）

植物皮革[5mm]
绿色（814） 80cm×4
微型彩色流苏绳
卡其色（1452） 50cm×4

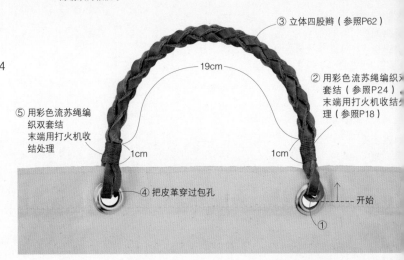

※需编织两根提手

③ 立体四股辫（参照P62）

② 用彩色流苏绳编织双套结（参照P24）末端用打火机收结处理（参照P18）

⑤ 用彩色流苏绳编织双套结末端用打火机收结处理

19cm

1cm

1cm

④ 把皮革穿过包孔

开始

①

① 开始方法

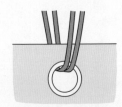

把2根皮革穿过包孔，在中间部位对折。

④ 皮革绳穿过方法

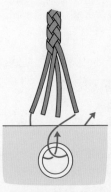

① 将2根皮革绳交错穿过包孔

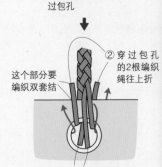

② 穿过包孔的2根编织绳往上折

这个部分要编织双套结

③ 剩下的2根编织绳1根放在外侧，1根放在内侧，编织双套结，在根部将多余的编织绳剪去。

146页 14

尺寸：长度约7.5cm(除去金属配件）

❋ 材料

鸳鸯绳1.5mm
灰白色（859） 100cm×1
珍珠饰品
7~8mm（AC706） 4
手机链头
（S1013） 1

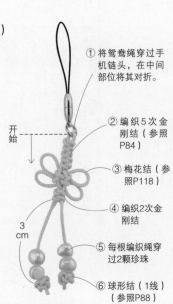

开始

3cm

① 将鸳鸯绳穿过手机链头，在中间部位将其对折。

② 编织5次金刚结（参照P84）

③ 梅花结（参照P118）

④ 编织2次金刚结

⑤ 每根编织绳穿过2颗珍珠

⑥ 球形结（1线）（参照P88）

尺寸：长度约35cm

❋ 材料（双提手）
细绳索
编织绳A　自然色（562）　100cm×8
编织绳B　自然色（562）　130cm×4
编织绳C　芥末色（563）　130cm×4

③ 末端用工具剪去多
　余的部分，折到反
　面，用黏合剂固定

开始------'

① 七宝结

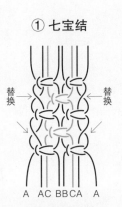

替换 → ← 替换

A　AC BBCA　A

编织绳A内侧和外侧的绳子
会互相替换进行编织
※结与结之间不要留出空隙

绳子的排放方法

编织绳A　编织绳C　编织绳B　编织绳C　编织绳A

35
cm

① 七宝结（P144 参照左图）

※将制作好的提手缝到
　喜欢的包包上

斜缝在
包包上

斜缝在
包包上

※需编织两根提手

② 末端用工具剪去
　多余的部分，折
　到反面，用黏合
　剂固定

144页 8

尺寸：提手156cm，绳扣大小约8.5cm，纽扣直径约1.5cm

✱ 提手材料

植物皮革[3mm]
植物皮革（812） 170cm×6
微型彩色流苏绳
褐色（1453） 50cm×2

✱ 绳扣所需材料

植物皮革[3mm]
植物皮革（812） 30cm×1
微型彩色流苏绳
褐色（1453） 15cm×1

✱ 纽扣材料

植物皮革[3mm]
褐色（812） 40cm×1
天然木质串珠
圆形12mm 1

包的参考尺寸

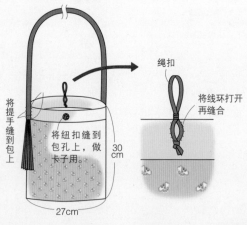

将提手缝到包上

将纽扣缝到包孔上，做卡子用。

27cm

30cm

绳扣

将线环打开再缝合

提手

120cm

① 6根皮革绳的末端预留出20cm，并编织六股辫（参照P58）

③ 用彩色流苏绳编织双套结，末端用打火机收结处理

1cm

17cm

1cm

开始

② 用彩色流苏绳编织双套结（参照P24）末端用打火机进行收结处理（参照P18）

17cm

⑤斜剪去多余的部分

④斜剪去多余的部分

纽扣

缠绕了2次的猴子拳（参照P120）
中间放入木质串珠，末端塞入中心并用黏合剂固定，用线缝合。

直径约1.5cm

绳扣

4cm

0.5cm

2cm

2cm

② 用彩色流苏绳编织双套结（参照P24）末端用打火机收结处理（参照P18）

① 打半结（参照P22）

尺寸：长度190cm

★材料

次棉线3

编织绳A　生成（271）　330cm×6
编织绳B　生成（271）　400cm×2

绳子的排放方法

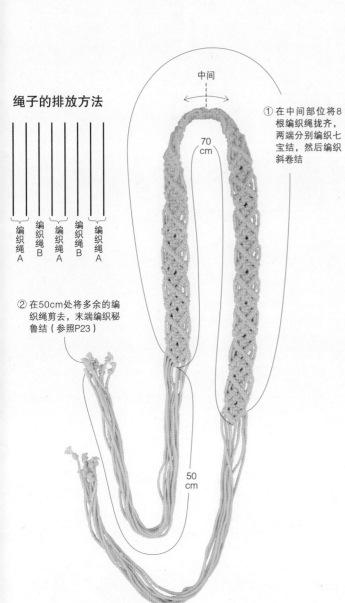

中间

70
cm

编织绳A　编织绳B　编织绳A　编织绳B　编织绳A

② 在50cm处将多余的编织绳剪去，末端编织秘鲁结（参照P23）

50
cm

步骤①的编织方法

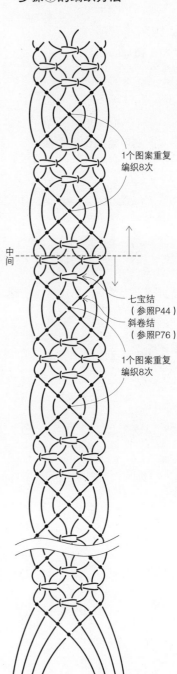

① 在中间部位将8根编织绳拢齐，两端分别编织七宝结，然后编织斜卷结

1个图案重复编织8次

中间

七宝结（参照P44）
斜卷结（参照P76）

1个图案重复编织8次

146页 11、12

尺寸：11＝约6cm（绳结部分），12＝约4cm（绳结部分）

❋11所需材料

跑马线 2.5mm
白（721） 100cm×2

❋12所需材料

优质皮革[1.5mm]
自然色（501） 125cm×2
玉石
圆形6mm 砂金石（AC287） 4

①皮革绳的穿过方法

No.11

※与No.12一样，皮革绳
先穿过布袋，进行编织

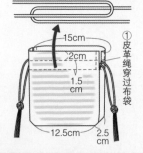

①皮革绳穿过布袋

15cm
2cm
1.5cm
12.5cm 2.5cm

No.11

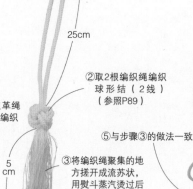

25cm

②取2根编织绳编织
球形结（2线）
（参照P89）

⑤与步骤③的做法一致

③将编织绳聚集的地
方搓开成流苏状，
用熨斗蒸汽烫过后
拉直舒展流苏

5cm

⑥与步骤④的做法一致

No.12

26cm

②几帐结（参照
P112）

③玉石穿过1根皮
革绳

2cm

④球形结（1线）
（参照P88）
剪去皮革绳末端
多余部分

146页 13

尺寸：长度约14cm

❋材料

跑马线 1mm
淡黄色（743） 100cm×1
玉牌
金刚石材质（AC015） 1
玉石
圆形 8mm 砂金石(AC297） 1

④吉祥结的开始方法

5cm 5cm

将图中长度的编织绳对折
之后开始编织

⑥共线双套结A（应用）的编织方法

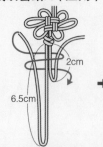

6.5cm

2cm

→

1cm

收紧

剪去多余部分

→

剪去多余部分

5.5cm

如图所示，将编织绳向上
折，缠绕在上面。

编织绳缠绕到指定长度
时，将编织绳末端穿过下
边的圈，拉上面的编织绳
末端，收紧。

在根部将编织绳多余的部
分剪去。

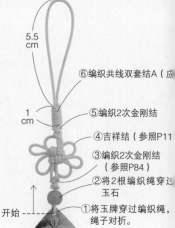

5.5cm

1cm

开始

⑥编织共线双套结A（应
用）

⑤编织2次金刚结

④吉祥结（参照P11

③编织2次金刚石
（参照P84）

②将2根编织绳穿过
玉石

①将玉牌穿过编织绳，
绳子对折。

尺寸：约为11cm

✳ **所需材料**

泡马线 2.5mm

戈粉色（737） 80cm × 2

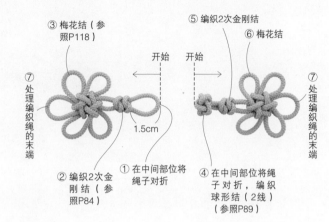

③ 梅花结（参照P118）

⑤ 编织2次金刚结

⑥ 梅花结

⑦ 处理编织绳的末端

开始

开始

⑦ 处理编织绳的末端

1.5cm

② 编织2次金刚结（参照P84）

① 在中间部位将绳子对折

④ 在中间部位将绳子对折，编织球形结（2线）（参照P89）

⑦ **处理编织绳的末端**

（背面）

剪去多余的部分

在根部处剪去1根编织绳的多余部分，用另1根编织绳做环，穿过绳结。剪去多余的编织绳，用黏合剂固定。

尺寸：约长10cm

✳ **所需材料**

泡马线 2.5mm

淡黄色（743） 120cm × 2

③ 菱形结（参照P134）

⑤ 编织2次金刚结

⑥ 菱形结

⑦ 处理编织绳的末端

开始

开始

⑦ 处理编织绳的末端

1.5cm

② 编织2次金刚结（参照P84）

① 在中间部位将编织绳对折

④ 在中间部位将绳子对折，编织球形结（2线）（参照P89）

⑦ **处理编织绳的末端**

（背面）

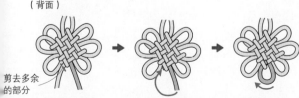

剪去多余的部分

在根部处剪去1根编织绳的多余部分，用另1根编织绳做环，穿过绳结。剪去多余的编织绳，用黏合剂固定。

147页 **17**

尺寸：长度约9cm

❋ 提手材料

跑马线 2.5mm
嫩草绿色（742） 70cm×2

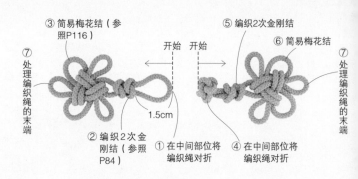

③ 简易梅花结（参照P116）

⑤ 编织2次金刚结

⑥ 简易梅花结

⑦ 处理编织绳的末端

开始 开始

1.5cm

② 编织2次金刚结（参照P84）

① 在中间部位将编织绳对折

④ 在中间部位将编织绳对折

⑦ 处理编织绳的末端

③⑥简易梅花结的开始方式

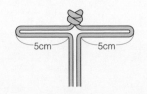

5cm 5cm

⑦ 处理编织绳的末端

（背面）

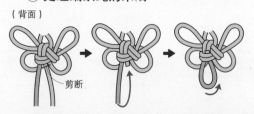

剪断

在根部处剪去1根编织绳的多余部分，用另1根编织绳做环，
穿过绳结。剪去多余的编织绳，用黏合剂固定。

147页 **18**

尺寸：长度约12cm

❋ 提手材料

跑马线 2.5mm
黄色（722） 90cm×2

③ 编织琵琶结，共缠绕5次

⑤ 编织2次金刚结

⑥ 编织琵琶结，共缠绕5次

开始 开始

1.5cm

② 编织2次金刚结（参照P84）

① 将编织绳对折

④ 将编织绳对折，编织球形结（参照P89）

① 开始方法

12cm

如图所示，在距离一端12cm的地方将绳子对折，开始编织。

④ 开始方法

与编织疙瘩结时一样，在距离一端12cm的地方将绳子对折，开始编织。

尺寸：19＝直径约1cm，20＝直径约1.8cm，21、22＝直径约2.2cm

19所需材料
泡马线 1mm
浅蓝色（740） 70cm×1

20所需材料
泡马线 2.5mm
浅蓝色（739） 100cm×1

21、22所需材料
优质皮革 2.5mm
21＝自然色（501） 100cm×1
22＝深棕色（504） 100cm×1

步骤②的编织方法

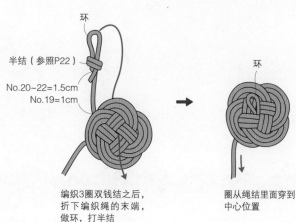

环

半结（参照P22）

No.20～22＝1.5cm
No.19＝1cm

环

编织3圈双钱结之后，
折下编织绳的末端，
做环，打半结

圈从绳结里面穿到
中心位置

直径
No.19＝约1cm
No.20＝约1.8cm
No.21、22＝约2.2cm

剪去多余
的部分

以半结为芯绳，拉紧编织
绳，将形状整理为圆形，在
根部剪去编织绳末端多余的
部分

② 做环，编织双钱扣

① 双钱结（3圈）
（参照P92）

尺寸：约3cm

23所需材料
优质皮革 2.5mm
编织绳A 自然色（501） 60cm×1
编织绳B 自然色（501） 30cm×3
微型彩色流苏绳
白色（1441） 30cm×1

24所需材料
优质皮革 2.5mm
编织绳A 深棕色（504） 60cm×1
编织绳B 深棕色（504） 30cm×3
微型彩色流苏绳
棕色（1453） 30cm×1

① 开始方法

正面

用微型彩色
流苏绳编织

0.5cm
0.8cm

将编织绳A
对折

编织绳B（最后在步
骤④剪去多余的编织
绳部分）

背面

开始

① 将编织绳A对折，3根编织绳B捆成
一束，用微型彩色流苏绳编织。
编织绳的末端用打火机处理。

④ 在根部剪去步
骤①残留的编
织绳B末端多余
的部分

③ 剪去5根编织绳末端多余的
部分，用黏合剂固定

② 星辰结（参照P132）

148页 26

尺寸：长度约33cm

✳ **所需材料**

极细鸳鸯绳

红色（862） 200cm×1

① 连续编织双钱结的方法

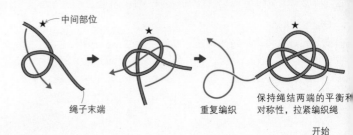

↖★中间部位

绳子末端

重复编织

保持绳结两端的平衡和
对称性，拉紧编织绳

0.3cm

0.3
cm

开始

① 连续编织双钱结（参照P92）

148页 27

尺寸：长度约33cm

✳ **所需材料**

细麻绳

自然色（321） 370cm×2

串珠（玻璃材质）

珍珠（AC1391） 60

编织绳的排放方法

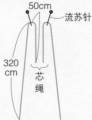

50cm

流苏针

320
cm

芯
绳

如图所示，改变编织绳
的长度，将其对折

步骤①的编织方法

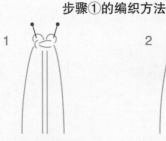

1

以中间的2根编织绳为
芯绳编织1次平结

2

2
cm

将串珠穿过右侧的编织绳，在绳结下
2cm处用流苏针做记号

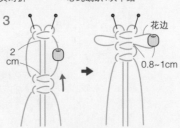

3

2
cm

花边

0.8~1cm

编织2次平结。取下流苏针，将芯绳拉
直，绳结往上滑动。两侧会出现花边

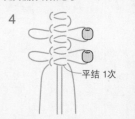

4

平结 1次

重复2~3的步骤，最后编织1次平
结收尾。

① 编织2次平结（参照P32）之后，将串珠穿进去编织花边（参照P41）

开始

尺寸：长度约29cm

✹ 所需材料

细麻绳
编织绳A 自然色（562） 200cm×1
编织绳B 自然色（562） 60cm×1

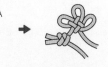

1

2

穿过

编织2次金刚结后改变方向，
如箭头所示，用编织绳A编织
几帐结

继续编织2次金刚结，将相反
方向的编织绳穿过绳结里面

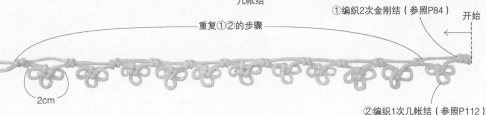

①编织2次金刚结（参照P84） 开始

重复①②的步骤

2cm

②编织1次几帐结（参照P112）

尺寸：长度约33cm

✹ 所需材料

丝编织线 0.8mm
编织绳A 古董米黄色（713） 410cm×1
编织绳B 古董米黄色（713） 330cm×1

编织绳的排放方法

将编织绳交叉
流苏针

50 70
cm cm
260 360
cm cm

芯绳

如图所示，改变编
织绳分支的长度，
将其折起来。

步骤①的编织方法

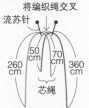

1

6次

B A

以折好后长度为50cm
的A为芯绳，用折好后
长度为260cm的B编织
6次左梭结。

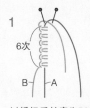

2

3次

每编织1次
就拉花边
0.3cm

3次

B A

以折好后长度为70cm的B为芯
绳，用折好后长度为360cm的
A编织右梭结8次，并且每一次
编织过程中都拉花边。

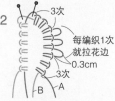

3

让中间的2根芯
绳相互缠绕

4

6
次

用左边的2根编
织绳编织左梭结

5

3次

每编织1次
就拉花边

3次

用右边的2根编织绳编织
8次右梭结，并且每一次
编织过程中都拉花边。
重复3~5的步骤。

6

平
结

最后用平结收尾
（参照P32）

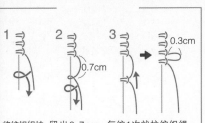

1

2

0.7cm

3

0.3cm

将编织绳挂
在芯绳上

留出0.7cm
的间隔，拉
紧编织绳，
再挂1次

每编1次就拉编织绳，
使编好的绳结向上滑
动，这样就能编织花边

①如上图所示的那样，边编织梭结
（参照P59）边拉花边进行编织。

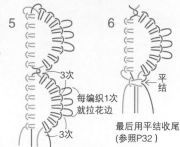

开始

约1.2cm

149页 29

尺寸：脖围长度约93cm

✳ 所需材料

细麻绳
纯色（361） 150cm×4

玉石
土耳其石（AC309） 1

捷克的森林木质串珠
圆形8mm 生成（W1351） 1

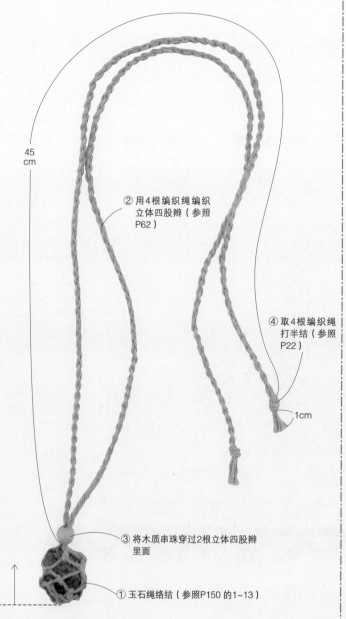

45
cm

② 用4根编织绳编织
立体四股辫（参照
P62）

④ 取4根编织绳
打半结（参照
P22）

1cm

③ 将木质串珠穿过2根立体四股辫
里面

① 玉石绳络结（参照P150的1~13）

开始

149页 30,31

尺寸：30 = 约3.5cm，31 = 约4cm

✳ 30所需材料

极细鸳鸯绳
灰白色（859） 70cm×4

玉石
紫水晶（AC306） 1

✳ 31所需材料

棉蜡绳
白色（1169） 100cm×2

玉石
凸圆形 红水晶（AC1151） 1

※ ① No.30 玉石绳络（参照P150的1~15）
No.31 玉石绳络（参照P151的1~16）

② 做环的方法

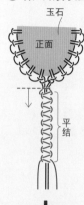

玉石

正面

平结

编织8次平结
（参照P32）

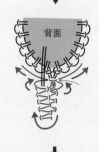

背面

翻转过来将平结
环成环状，编织
绳在正面交叉

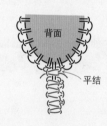

背面

平结

背面编织1次平
结，编织绳末端
按照No.30的做
法剪去多余的部
分然后用黏合剂
固定收尾。
No.31用打火机
处理编织绳的末
端（参照P18）

尺寸：脖围长度约39cm

✳ **所需材料**

微型彩色流苏绳

驼色（1445） 120cm×8

玉石

凸圆形 光玉髓（AC1152） 1

④ 斜卷结的编织方法　⑦ 斜卷结的编织方法

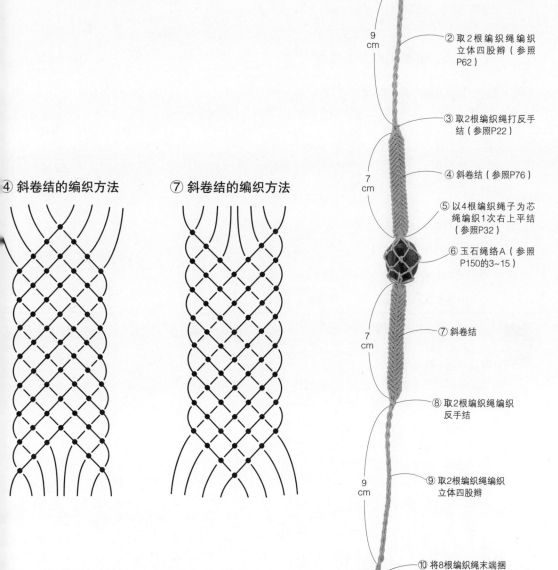

1.2cm

开始------

① 将8根编织绳末端捆成1束打半结（参照P22）

9 cm

② 取2根编织绳编织立体四股辫（参照P62）

③ 取2根编织绳打反手结（参照P22）

7 cm

④ 斜卷结（参照P76）

⑤ 以4根编织绳子为芯绳编织1次右上平结（参照P32）

⑥ 玉石绳络A（参照P150的3~15）

7 cm

⑦ 斜卷结

⑧ 取2根编织绳编织反手结

9 cm

⑨ 取2根编织绳编织立体四股辫

⑩ 将8根编织绳末端捆成1束，打半结

1.2cm

TITLE:［S3325 結び大百科］

BY:［ブティック社］

Copyright © BOUTIQUE-SHA, INC. 2012

Original Japanese language edition published by BOUTIQUE-SHA

All rights reserved. No part of this book may be reproduced in any form without the written permission of th

publisher. Chinese translation rights arranged with BOUTIQUE-SHA., Tokyo through NIPPON SHUPPAN

HANBAI INC.

本书由日本靓丽出版社授权北京书中缘图书有限公司出品并由河北科学技术出版社在中国范围内

独家出版本书中文简体字版本。

著作权合同登记号：冀图登字 03-2013-160

版权所有·翻印必究

图书在版编目（CIP）数据

最详尽的结绳编织教科书 / 日本靓丽出版社编著；

王慧译 . -- 石家庄 : 河北科学技术出版社 , 2014.9（2020.6 重印）

ISBN 978-7-5375-6706-0

Ⅰ . ①最… Ⅱ . ①日… ②王… Ⅲ . ①绳结 – 手工艺

品 – 制作 – 教材 Ⅳ . ① TS935.5

中国版本图书馆 CIP 数据核字 (2014) 第 085163 号

最详尽的结绳编织教科书

日本靓丽出版社 编著 王 慧 译

策划制作：北京书锦缘咨询有限公司（www.booklink.com.cn）

总 策 划：陈 庆

策 划：邵嘉瑜

责任编辑：杜小莉

设计制作：李静静

出版发行 河北科学技术出版社

地 址 石家庄市友谊北大街 330 号（邮编 : 050061）

印 刷 天津市蓟县宏图印务有限公司

经 销 全国新华书店

成品尺寸 170mm × 240mm

印 张 10.5

字 数 100 千字

版 次 2014 年 9 月第 1 版
2020 年 6 月第 8 次印刷

定 价 38.80 元